Daniel Jacob

Evaluación de la población y el hábitat del cercopiteco de Sclater en Itam, Nigeria

Daniel Jacob

Evaluación de la población y el hábitat del cercopiteco de Sclater en Itam, Nigeria

ScienciaScripts

Imprint

Any brand names and product names mentioned in this book are subject to trademark, brand or patent protection and are trademarks or registered trademarks of their respective holders. The use of brand names, product names, common names, trade names, product descriptions etc. even without a particular marking in this work is in no way to be construed to mean that such names may be regarded as unrestricted in respect of trademark and brand protection legislation and could thus be used by anyone.

Cover image: www.ingimage.com

This book is a translation from the original published under ISBN 978-3-659-91960-2.

Publisher:
Sciencia Scripts
is a trademark of
Dodo Books Indian Ocean Ltd. and OmniScriptum S.R.L publishing group

120 High Road, East Finchley, London, N2 9ED, United Kingdom
Str. Armeneasca 28/1, office 1, Chisinau MD-2012, Republic of Moldova, Europe
Managing Directors: Ieva Konstantinova, Victoria Ursu
info@omniscriptum.com

Printed at: see last page
ISBN: 978-620-2-78000-1

ÍNDICE

DEDICACIÓN

Este trabajo de investigación está dedicado a mi familia.

AGRADECIMIENTOS

Un agradecimiento especial a mi supervisor, el Dr. Edem A. Eniang, y a todo el consejo de la comunidad de Ikot Uso Akpan por su contribución, cooperación, tolerancia y dedicación al éxito de mi trabajo de investigación. También quiero dar las gracias a mi jefe de departamento, el Dr. Samuel I. Udofia, y a todos los profesores, incluidos el profesor E. S. Udo, el Dr. O. Olajide, el Dr. I. N. Akpan-Ebe, el Dr. M. Offiong, el Dr. H. Ijeomah, el Dr. S. Ajayi, el Dr. D. Ogar, el Dr. Val. Attah, el Dr. A. Erakhrumen, el Dr. Out Ibor, el Dr. Aremu, el Sr. P. W. Owoh, el Sr. E. C. Egwali, el Sr. E. E. Ukpong, el Sr. I. Etuk, el Sr. E. Etigale, el Sr. Koko Daniel y todo el personal tecnológico y no académico por su inestimable apoyo y sus contribuciones, que han permitido llevar a buen puerto este estudio. Digno de mención es el apoyo de mi querida esposa, la Sra. Unique Daniel Jacob y la ayuda que me han prestado todos los miembros de mi familia y amigos. Que Dios les recompense.

Por encima de todo, doy gracias a Dios por sostenerme a lo largo de este estudio.

RESUMEN

El objetivo de este estudio era proporcionar información sobre la densidad y estructura de la población de guenón de Sclater *(Cercopithecus sclateri)*, incluida la estructura de la vegetación del bosque comunitario. Se utilizó el método de muestreo a distancia para el estudio de la población y dos parcelas de muestreo (50m X 50m y 70m X 50m) para evaluar la estructura de la vegetación del área de estudio. Para el análisis de los datos se utilizaron estadísticas descriptivas, la prueba T de Student y la prueba Chi-cuadrado. También se utilizaron programas informáticos (Tree Draw y Stand Visualization System (SVS)) para el análisis de la vegetación. Los resultados obtenidos mostraron un mayor recuento de *Cercopithecus sclateri* en la estación lluviosa que en la seca. Sin embargo, la precisión porcentual para el recuento de grupos (8,30%) y el emplazamiento (10,45%) en el estudio de la estación seca fue menor que en el de la estación lluviosa. Además, el avistamiento dentro de una anchura de 0-20 m de la línea de transecto fue mayor en la estación lluviosa que en la seca. Estadísticamente, no hubo diferencias significativas entre los datos del censo obtenidos para la estación seca y la lluviosa de *Cercopithecus sclateri* en el lugar de estudio ($p > 0,05$ y $p > 0,10$), excepto para las diferencias en las distancias perpendiculares entre la estación seca y la lluviosa que fue significativamente diferente ($p < 0,05$ y $p < 0,10$). La población adulta en el área de estudio no fue significativamente diferente a lo largo del periodo ($p > 0,05$ y $p > 0,10$) mientras que la población juvenil fue significativamente diferente a lo largo del periodo en ($p < 0,10$). En la evaluación de la vegetación se enumeraron un total de 72 especies arbóreas pertenecientes a 20 familias. La degradación del hábitat en el área de estudio tuvo un impacto negativo en la estructura poblacional de las especies de primates en el área de estudio. Se necesitan urgentemente medidas adecuadas para restaurar y conservar el fragmento de bosque para garantizar la supervivencia de las especies endémicas de primates en la zona de estudio.

CAPÍTULO 1

INTRODUCCIÓN

1.1 Antecedentes del estudio

Los ecosistemas tropicales contienen una gran proporción de la biodiversidad mundial (Sohdi, Kohl, Brook y Ng, 2004; Quinten, 2008). Aunque sólo constituyen el 7% de la superficie terrestre mundial, los bosques tropicales albergan más del 50% de todas las especies vegetales y animales existentes (Donohoe, 2003). Debido a la explotación extensiva de los recursos naturales, la región está sometida a una fuerte presión por la destrucción rápida y generalizada de su hábitat, lo que supone una amenaza constante para la biota local (Lawrence, 1997). La modificación del ecosistema por la acción humana ha amenazado por tanto la biodiversidad a escala mundial (Cowlishaw, 1999; Cowlishaw y Dunbar, 2000; Chapman y Peres, 2001). Un informe de la Organización de las Naciones Unidas para la Agricultura y la Alimentación citado por Ettah (2008) indica que los países tropicales pierden anualmente 127.300 km^2 de superficie forestal. Esto no incluye la vasta superficie que se tala selectivamente, que se calcula que abarca 55.000$km^{(2)}$) (Chapman y Lambert, 2000; Bennett, 2000). En África, la deforestación es un problema importante, y el hábitat natural (por ejemplo, la selva tropical de tierras bajas) se destruye a un ritmo relativo superior al de otras regiones tropicales (Archad, Eva, Stibig, Mayaux, Gallego, Richards y Mailingreau, 2002). Además, se prevé que, si no se frena la destrucción de los bosques tropicales, a finales del próximo siglo se habrán perdido tres cuartas partes de la cubierta forestal original (Archad, Eva, Stibig, Mayaux, Gallego, Richards y Mailingreau, 2002). El problema es especialmente grave porque los trópicos son la región del mundo con mayor riqueza de especies y endemismo (Mittermeier, Myers, Gill y Mittermeier, 1997; Myers, Mittermeier, Mittermeier, Da Fonsa y Kent, 2000) y podría perderse más del cuarenta y dos por ciento (42%) de su biodiversidad (Sohdi, Kohl, Brook y Ng, 2004). Sin embargo, la biodiversidad es la base misma de la existencia humana, ya que constituye el recurso del que prácticamente todo el mundo depende, por lo que su conservación resulta muy pertinente (Groves, 2000).

Dentro de África, Nigeria es el país con mayor diversidad biológica y el segundo del mundo en cuanto a endemismo de primates (Mittermeier y Cheney, 1987; Grubb, Oates, White y Tooze, 2000; Egwali, King, Eniang y Obot, 2005). A pesar de este importante estatus en la diversidad de primates, el medio ambiente nigeriano está actualmente expuesto a fuerzas de pérdida y diezmación de especies como resultado de la perturbación antropogénica resultante de la urbanización, la agricultura, la deforestación, la industrialización y otras actividades diversas (Eniang, 2001; Eniang y Ebin, 2002; Egwali, King, Eniang y Obot, 2005). En consecuencia, muchas especies de mamíferos, especialmente los primates, se ven amenazadas en la actualidad a diversos niveles que atentan contra su supervivencia continuada. Según Egwali *et al.* (2005), la escalada de la crisis de la carne de animales silvestres ha empeorado la situación, provocando así el "síndrome del bosque vacío", como pone de manifiesto la supuesta desaparición del mono colombino rojo de Waldron *(Procolobus badius waldronii)* de los bosques de Ghana y Costa de Marfil (Angelici, Luiselli, Politano y Akani, 1999; Revkin, 2000). Como consecuencia de lo anterior, la mayoría de las especies de primates del país están amenazadas o clasificadas como vulnerables, en peligro o en peligro crítico en la *Lista Roja de Especies Amenazadas* de la UICN (UICN, 2011).

El guenón de Sclater *(Cercopithecus sclateri* Pocock, 1904; nombre local (Itam): Adiaha awah Itam) es uno de los primates en peligro crítico del continente africano (Egwali, King, Eniang y Obot, 2005; Wikipedia.org, 2011). Se ha clasificado entre las especies africanas más amenazadas y se considera una de las especies más prioritarias para las medidas de conservación entre los taxones de primates africanos (Oates, 1994; 1994, Tooze, 1994a, b, 1995). También es el más amenazado de los guenones africanos (Oates y Anadu, 1989). La especie de *Sclater*, que pasó del rango de subespecie de *Cercopithecus erythrotis sclateri* al de especie en 1980, es una de las últimas en incorporarse a la lista de especies de Nigeria (Grove, 1993; Grubb *et al.,* 2000). Se trata de una especie endémica con un área de distribución restringida, que sólo se da al oeste del curso inferior del río Níger y entre los sistemas de los ríos Níger y Cross (Oates, 1994; Happoid, 1987; Tooze, 1994a).

Los guenones tienen un grupo social formado por varias hembras y machos y son arborícolas y diurnos, desplazándose ampliamente en busca de alimento. Tienen una gran capacidad de adaptación, de ahí su supervivencia continua en hábitats degradados dentro de sus áreas de distribución naturales (Egwali, King, Eniang y Obot, 2005). Se han registrado pequeñas poblaciones aisladas *de Cercopithecus sclateri* en la ecorregión del delta del Níger y territorios adyacentes (Oates, Anadu, Gadsby y Werre, 1992; Oates, Bergl y Linder, 2004; Tooze, 1995; Rowe, 1996). El hábitat natural más elevado e intacto donde se da el guenón de Sclater es la Reserva Forestal de Stubb's Creek del Estado de Akwa Ibom (Gadsby, 1987).

1.2 Planteamiento del problema

En Nigeria se ignora a veces el uso humano de los fragmentos de bosque y su consiguiente impacto ecológico sobre las especies de primates. La mayoría de los fragmentos disponibles no están protegidos; existen en terrenos privados y son utilizados por los propietarios de las tierras . Así, los fragmentos cambian de estructura y composición a medida que los propietarios utilizan el bosque para la agricultura, la extracción de leña y madera o dejan que se regenere la tierra en barbecho. Este hecho no se ha apreciado, en parte porque la mayoría de los estudios suelen realizarse en fragmentos que están protegidos (Tutin, White, William, Fernandez y McPherson, 1997; Tutin, 1999). Aunque los efectos teóricos del aislamiento del hábitat y del tamaño de la fragmentación sobre las especies de primates son bien conocidos (Hanski, 1994; Hanski y Gilpin, 1997), rara vez se estudian sus efectos sobre *C. sclateri*. Cuando existen, se reconoce generalmente que la fragmentación continua del hábitat de la especie ha tenido un efecto perjudicial sobre su supervivencia (Oates y Anadu, 1989; Egwali, King, Eniang y Obot, 2005). Por lo tanto, este estudio tiene como objetivo proporcionar nuevos datos sobre la población de la especie (guenón de Sclater), el área de distribución, el perfil arbóreo de la zona de estudio y el índice de degradación forestal en la zona de estudio, de modo que puedan utilizarse como base para la elaboración de un plan de gestión o de estrategias y acciones específicas para la conservación de la especie endémica en la zona de estudio.

1.3 Objetivos del estudio

1.3.1 Objetivo general

El objetivo general del estudio es evaluar la estructura del hábitat y el estado de la población de *C. sclateri* en el bosque comunitario de Ikot Uso Akpan.

1.3.2 Objetivos específicos

Los objetivos específicos del estudio son:

i. Estimar la densidad de población de *C. sclateri* en la zona de estudio;

ii. Examinar la estructura de la población de la especie en términos de categorías de adultos y juveniles;

iii. Examinar la estructura de la vegetación y la densidad de población de los árboles que la componen en la zona de estudio.

1.4 Justificación del estudio

Los primates son unos de los mamíferos tropicales más llamativos que se utilizan como indicadores para detectar perturbaciones de bajo nivel en una finca forestal (Egwali, King, Eniang y Obot, 2005). Muchos son sensibles a los ataques humanos y evitan las actividades humanas en los bosques. También son indicadores de la actividad cinegética en el bosque tropical (Peres, 1990). Investigaciones recientes sobre la crisis de la carne de animales silvestres en África Occidental (Eves y Bakarr, 2001) han demostrado que se cazan muchas especies de primates y que varias de ellas, como el chimpancé occidental *(Pan troglodytes),* el mono diana *(Cercopithecus diana),* el colobo rojo *(Colobus badius)* y varias especies de mangabey *(Cercocebus spp)* sufren un impacto negativo. En Nigeria, los primates sufren graves impactos locales, incluso en regiones relativamente prístinas (Peres, 1990; 1999; Mittermeier, Myers, Gill y Mittermeier, 1997). Por lo tanto, las tendencias en la abundancia relativa de una especie de primate a lo largo del tiempo sirven como indicador de los niveles de perturbación en la vegetación que no pueden detectarse utilizando herramientas de teledetección (Quinten, 2008). Los primates son también especies carismáticas que pueden utilizarse para influir en las decisiones de conservación, y los datos sobre tendencias a largo plazo en riqueza, abundancia y diversidad son de gran valor para la aplicación de políticas (Quinten, 2008). Una de las condiciones previas urgentes para alcanzar con éxito este objetivo es la recopilación de información básica sobre el tamaño y las densidades de población de los primates, así como sobre sus tendencias poblacionales (Van Schaik, Wich, Utami y Odum, 2005). Dichos datos permitirán valorar y evaluar adecuadamente su situación actual y, posteriormente, podrán servir de base para planes de gestión o estrategias y acciones específicas (Quinten, 2008).

Los datos de referencia de las especies de primates en la zona de estudio habían sido recopilados por investigadores de forma discontinua, por lo que no resultaban adecuados para los gestores interesados en los recursos de primates. Además, las investigaciones son a menudo costosas, consumen una gran proporción de los recursos de los investigadores y las áreas/enfoques de investigación no suelen estar adaptados a la gestión de los bosques comunitarios, sino que tienen fines meramente académicos, por lo que no proporcionan la información adecuada necesaria para la gestión sostenible de las especies de primates en los bosques comunitarios.

Con un área de distribución de la población estimada inicialmente en 52-62 individuos (Egwali, King, Eniang y Obot, 2005) en un hábitat fragmentado de menos de 100 km², el suministro de información de referencia adecuada servirá de guía para la elaboración de políticas y decisiones de gestión en la zona de estudio, ya que las actividades humanas, especialmente la agricultura y la quema incontrolada de matorrales, han erosionado constantemente la zona y las parcelas de bosque resultantes están quedando cada vez más aisladas. Por consiguiente, este estudio proporcionará información sobre la ecología de los primates, llenando así algunas lagunas sobre la ecología del guenón de Sclater *(Cercopithecus sclateri)*, lo que contribuirá a la gestión sostenible y a la conservación de la especie de primate en la zona.

1.5 Alcance y limitaciones del estudio

El alcance del estudio se limitará a la evaluación de la población y el hábitat de *C. sclateri* en el bosque comunitario de Ikot Uso Akpan en Itam, Área de Gobierno Local de Itu del Estado de Akwa Ibom. El estudio también se limitará a seis meses de recopilación de datos, debido a la corta duración del programa y a las limitaciones financieras del investigador.

CAPÍTULO 2

REVISIÓN DE LA LITERATURA RELACIONADA

2.1 Reseña histórica del guenón de Sclater *(Cercopithecus sclateri)*

El guenón de Sclater es la única especie de primate endémica de Nigeria. Está clasificada como En Peligro por la UICN e incluida en el Apéndice II de CITES (Cercopan.org, 2011). La especie fue descrita por primera vez en 1904 por Pocock (1904) y durante muchos años se consideró una subespecie del guenón orejirrojo *(Cercopithecus erythrotis)*. Algunos autores han especulado con la posibilidad de que *C. sclateri* sea un híbrido entre *Cercopithecus erythrotis*, presente en la parte oriental del río Cross en Nigeria y Camerún, y *Cercopithecus erythrogaster*, presente en la parte occidental del delta del Níger en Nigeria. Sin embargo, varios autores están de acuerdo en que *C. sclateri* merece un estatus específico completo (Hill, 1953; Kingdon, 1980; Nowak, 1999). En 1980, Kingdon (1980) lo clasificó como una especie distinta que pertenece al grupo de *Cercopithecus cephus*, o superespecie, que incluye a *Cercopithecus erythrotis*. En comparación con otros guenones, las especies cephus son generalmente más pequeñas, adaptables y coloridas. Esta especie se reconoce sobre todo por la coloración de su cola: De la mitad a un tercio de la parte inferior proximal de la cola es de color rojo óxido brillante (Cercopan.org, 2011).

2.2 Descripción física de *Cercopithecus sclateri*

El guenón de Sclater, como todos los guenones, es un mono muy colorido con un complicado patrón facial. El cuerpo es, en general, de color gris oscuro con algunos tintes verdosos en la espalda. La cola es muy larga (aproximadamente la mitad de la longitud total) y es de color rojizo en la parte ventral proximal, volviéndose gradualmente blanca en la parte distal y terminando en una punta negra. El hocico es de color rosa parduzco con una mancha nasal de color blanco cremoso (encima de las fosas nasales, en el puente de la nariz). La cara está adornada con tres grandes manchas de pelo. La coronilla y las mejillas son amarillas mezcladas con negro. Además, hay una gran mancha blanca en la garganta que se extiende casi hasta las orejas. Las orejas tienen mechones blancos prominentes. Por último, unas barras temporales negras se extienden más allá de las orejas y se juntan en la parte posterior de la cabeza (Hill, 1953; Kingdon, 1980; Nowak, 1999; Oates, Anadu, Gadsby y Werre, 1992).

Cercopithecus sclateri, junto con los demás miembros de su superespecie, pertenece al grupo más pequeño de los guenones (Hill, 1953). Las hembras pesan unos 2,5 kg, mientras que los machos pesan unos 4,0 kg. Todos los guenones, incluido *C. sclateri,* tienen caninos sexualmente dimórficos. Además, tienen las extremidades traseras más largas que las delanteras. Por último, una característica distintiva que ayuda a separar a todos los guenones de los monos colobos es la presencia de manchas en las mejillas (Fleagle, 1999; Nowak, 1999). Tiene una longitud de 80 a 120 cm (31,5 a 47,24 pulgadas) (Law y Myers, 2004).

Lámina 1: *Cercopithecus sclateri* **adulto**
Fuente: Cercopan.org

Lámina 2: Adulto de *C. sclateri* descansando en ramas de *Elaeis guineensis*
Fuente: http://www.cercopan.org/images/Sclaters.jpg

2.3 Comportamiento de *Cercopithecus sclateri*

Los estudios sobre el comportamiento de *C. sclateri* en libertad son limitados. Sin embargo, en los miembros de la superespecie *C. cephus*, la estructura de grupo es menos estricta que en otros miembros de Cercopithecus. Concretamente, *C. cephus* no tiene un único macho dominante, sino que los grupos pueden ser de varios machos, estar compuestos por miembros de la familia o ser todos de hembras (Kingdon, 1980).

La locomoción en el género *Cercopithecus* también está poco estudiada. La mayoría de los guenones son cuadrúpedos y saltan el 10% del tiempo. También se ha observado que su comportamiento postural está relacionado con la dieta. Por ejemplo, trepar está negativamente correlacionado con la fruta en la dieta y las especies que comen un mayor número de insectos utilizan más posturas de transición que otras especies (McGraw, 2002). Los guenones utilizan la cola para mantener el equilibrio y suelen dormir en los árboles (Nowak, 1999).

Cercopithecus sclateri es simpátrico con otras especies de primates, como *Perodicticus potto, Arctocebus calabarensis, Cercocebus torquatus, Cercopithecus mona y Cercopithecus nicticans* (Fleagle, 1999). El

Cercopithecus cephus, estrechamente emparentado, forma asociaciones con *C. nicticans* en Gabón, donde se reparten los recursos en función del tipo de alimento y del nivel de alimentación preferido en las copas de los árboles. Dado que se cree que el subgrupo C. cephus ocupa el mismo nicho ecológico, es probable que *C. sclateri* forme asociaciones de este tipo con otros primates de su área de distribución. (Fleagle, 1999; Tooze, 1995)

2.4 Ecología alimentaria de *Cercopithecus sclateri*

Cercopithecus sclateri, como la mayoría de los guenones pequeños y el gorila del río Cross (Ettah, 2008; Egwali, King, Eniang y Obot, 2005), son predominantemente frugívoros o frugívoros.

Sin embargo, otros componentes importantes de la dieta de los guenones son los insectos, las flores y las hojas, por lo que se clasifican como omnívoros. Por ello, cuando habitan en pueblos y ciudades con escasa o nula cobertura forestal, asaltan jardines y granjas en busca de alimento. La dieta *del Cercopithecus sclateri* refleja la naturaleza estacional de su hábitat, mostrando un marcado cambio en su composición a lo largo del año. Cuando los frutos escasean, los Cercopithecus sclateri parecen depender de la vegetación herbácea terrestre (Egwali, King, Eniang y Obot, 2005). En concreto, la única referencia específica a una especie arbórea que comen estos guenones es el algodonero de seda roja, *Bombax buonopozense* (Butynski, 2002b; Fleagle, 1999; Nowak, 1999; Oates *et al.,* 1992). Egwali *et al.* (2005) enumeraron *Elaeis guineensis* y *Raphia hookeri* como otros componentes alimentarios de C. sclateri (Tabla 1). Pasan largos periodos de tiempo en una zona relativamente pequeña antes de desplazarse a otra zona. En el bosque comunitario de Itam, *C. sclateri* ocupa partes significativamente diferentes del bosque, a veces con un radio diario de más de 1,5 km entre sí (Egwali, King, Eniang y Obot, 2005).

Tabla 1: Especies de plantas cultivadas y silvestres utilizadas por *C. sclateri* como fuente de alimento

Nombre científico	Nombre común	Nombre ibibio	Estado	Parte(s) de consumo	Utilización
Musa sapientum	Plátano	*Mboro*	C	F	***
M. paradisiacal	Plátano	*Ukom*	C	F	***
Cola argentea	Cola dulce	*Ndiya*	C	F	**
Cnestis ferruginea	Cnestis	*Utin ewa*	W	F	**
Chrysuphyllum albidum	Estrella africana manzana	*Udara*	C/W	F	*
Aningeria robusta	Manzana estrella silvestre	*Udara ebok*	W	F	**

Maesobotiga barteri	Cereza ardilla	*Nyanyatet*	W	F	**
Persea americana	Aguacate	*Eben mbakara*	C	F	*
Dacryodes edulis	Pera africana	*Eben*	C	F	***
Dacryodes kleineana	Peral silvestre	*Eben ikot*	W	F	***
Hippocratea Africana	-	*Mba enang-enang*	W	F	**
Capolobia lutea	Vara de ganado	*Ufip-ufip*	W	L/F	**
Dennettia tripetala	Pimiento	*Nkarika*	C/W	S/F	**
Uvaria chamae	Pimienta silvestre fruta	*Nkarika ikot*	W	S/F	**
Pentraclethra macrophylla	Alubia africana	*Ukana*	W	S	*
Carica papaya	Pawpaw	*Udia edi*	C	F	*
Zea mays	Maíz	*Abakpa*	C	F/S	***
Mangifera indica	Mango	-	C	F	**
Irvingia gabonensis	Mango de arbusto	*Uyo*	W	F	*
Elaeis guineensis	Palma aceitera	*Eyop*	W/C	F/S	***
Raphia hookeri	Palmera Raphia	*Ukot*	W/C	F	***

C: cultivada por el hombre, W: silvestre, F: frutos, S: semillas/tuercas, L: hojas, *: bastante utilizada, **: moderadamente utilizada, ***: muy utilizada.

Fuente: Egwali, King, Eniang y Obot (2005)

2.5 Hábitat y distribución geográfica

Los miembros de *Cercopithecus sclateri* viven en bosques primarios como la mayoría de las otras especies de guenones, pero también viven en bosques secundarios con más frecuencia que otras especies de guenones. Además, las especies estrechamente emparentadas de este grupo parecen preferir los niveles más bajos del dosel y a veces se acercan al suelo.

Inicialmente se pensó que el guenón de Sclater se había extinguido hasta que se descubrió que sobrevivía. Se encuentra en Nigeria en pequeñas poblaciones dispersas a lo largo del curso inferior del río Níger y en el delta del Níger (Fleagle, 1999; Nowak, 1999). Hasta ahora sólo se conocían cinco poblaciones distintas. Dos de ellas se encuentran cerca de aldeas donde se consideran sagradas y, por lo tanto, están protegidas. Cada grupo protegido cuenta con menos de 250 individuos.

Las otras poblaciones se encuentran en bosques pantanosos de la llanura aluvial del río Níger, en la Reserva Forestal de Stubbs Creek, en el Estado de Akwa Ibom, en el Estado de Anambra y en la orilla occidental del río Cross, cerca del pueblo de Utuma. Además, se ha descubierto una gran cantidad de especies en un bosque comunitario en Itam, Área de Gobierno Local de Itu del Estado de Akwa Ibom (Egwali, *et al.,* 2005), con un tamaño de población estimado de 57-62 individuos.

El guenón de Sclater está restringido a la zona de selva tropical entre el Níger y el estado de Cross River, en el sur de Nigeria (figuras 1 y 2). Su área de distribución es de 28.500 km^2. Gran parte de los bosques que quedan en toda el área de distribución de la especie son pequeños fragmentos de bosque, a menudo degradados, dentro de un paisaje mayoritariamente agrícola, zonas pantanosas difíciles de cultivar o franjas de bosque a lo largo de cursos de agua. Se sabe que existen poblaciones en estados como Akwa Ibom, Enugu, Imo, Abia y Cross River. Las localidades dentro de los estados mencionados de las que se conoce la existencia de la especie son Utuma, Stubbs creek, Akpugoeze, Osomari, Lagwa, Blue river, Enyong creek/Ikpa river (Baker, 2005; Oates, Anadu, Gadsby y Were, 1992; Oates, 1994; Stewart, 1996) e Itam (Egwali, King, Eniang y Obot, 2005). Se sabe que las tres poblaciones restantes de *C. sclateri* sobreviven en comunidades deforestadas donde la población humana local considera sagrado a este mono. Aunque no son cazados en estos lugares, el estatus sagrado de los monos no garantiza necesariamente su supervivencia a largo plazo. En Lagwa, estado de Imo, la población en 2005 se estimó en 124 individuos en 15 efectivos, con una densidad equivalente a 15 individuos/km^2 (Baker, 2006). En Akpugoeze, Estado de Enugu, la población estimada en 2006 era de 193 individuos en 20 efectivos, con una densidad igual a 35 individuos/km^2 (Baker, 2006). Asimismo, en Itam, estado de Akwa Ibom, se estimó que la población oscilaba entre 57-62 individuos en un rango de efectivos de 8-12 individuos (Egwali, King, Eniang y Obot, 2005).

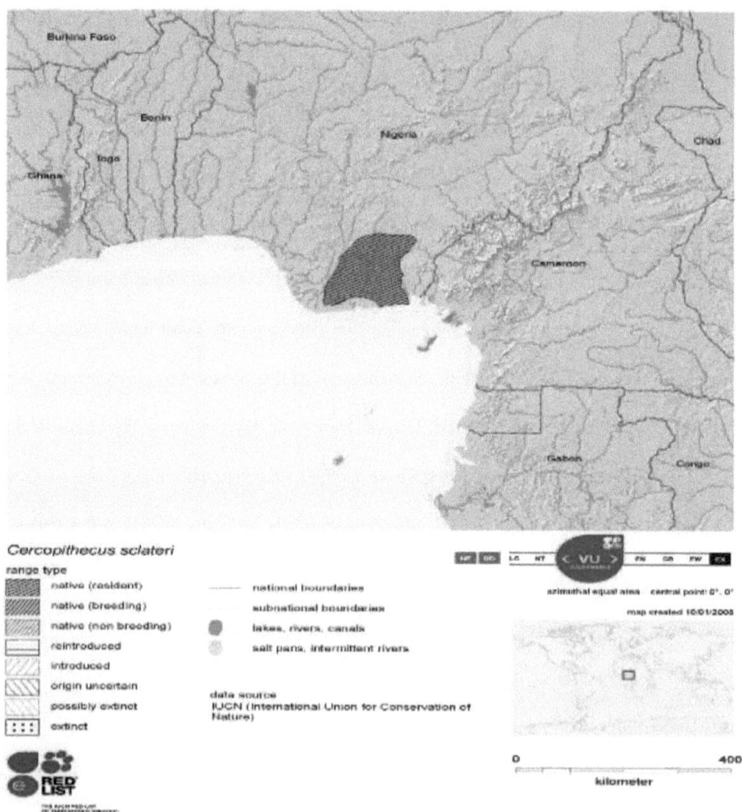

Figura 1: Distribución geográfica del guenón de Sclater

Fuente: UICN (2011)

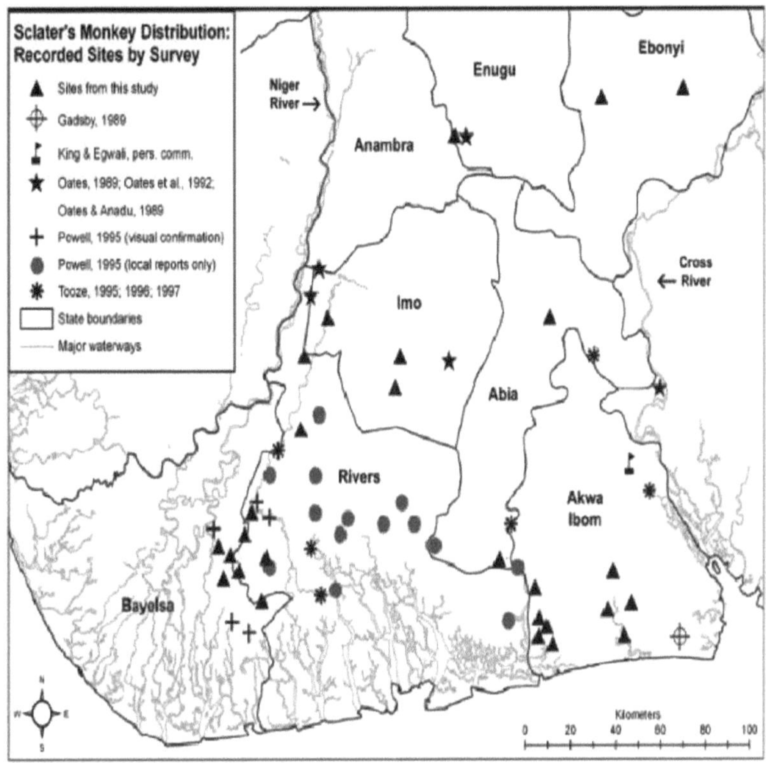

Figura 2: Distribución geográfica del guenón de Sclater Fuente: Baker y Olubode, 2008

2.6Comportamiento en el área de distribución de *Cercopithecus sclateri*

En el comportamiento de desplazamiento de los primates influyen muchos factores, como el tamaño corporal, la dieta, la disponibilidad de alimentos (densidad y distribución), los encuentros entre grupos, las estrategias de apareamiento, el tamaño del grupo y la evitación de depredadores y la competencia alimentaria (Boinski, Treves y Chapman, 2000; Baker, 2005). En general, las especies frugívoras que dependen de alimentos muy energéticos con una disponibilidad espacial y temporal variable tienden a tener grandes áreas de campeo y largas distancias diurnas. Por el contrario, las que dependen de alimentos de menor calidad, que están disponibles de forma más constante y uniforme, como las hojas, tienden a tener áreas de campeo más pequeñas y jornadas más cortas (Baker y Olubode, 2008). Los modelos de búsqueda de alimento predicen que los primates deben utilizar su área de distribución de forma eficiente en relación con la disponibilidad de alimento, concretamente que deben concentrar sus esfuerzos de búsqueda en las zonas con mayor disponibilidad de alimento (Pyke, Pulliam y Charnov, 1977).

C. sclateri depende en gran medida de la vegetación herbácea perenne disponible en abundancia donde pueden recolectarse los frutos . En consecuencia, tienen recorridos diarios cortos y áreas de distribución anuales pequeñas (menos de 2 km de radio diario) (Egwali, King, Eniang y Obot, 2005). Se dispone de poca información sobre el área de distribución de *C. sclateri*. Sin embargo, las especies estrechamente relacionadas tienen áreas de distribución más pequeñas que otros miembros del género. *C. ascanius*, estrechamente emparentada, utiliza un área de campeo de 15 ha con un área central de 5 ha, aunque también se sabe que tiene áreas de campeo de hasta 130 ha (Nowak, 1999).

Los alimentos son esencialmente ubicuos en las ecozonas de selva tropical, con abundancia de frutos que varía espacialmente a pequeña escala, así como entre tipos de hábitat. *C. sclateri* tiende a utilizar la zona de alimentos de alta calidad repetidamente dentro de un período bastante corto separado por largos intervalos (Watts, 2000). Durante el final de la estación seca y el principio de la lluviosa, cuando siempre hay una gran reducción de la disponibilidad de alimento, *C. sclateri* depende en gran medida de las fuentes de alimento silvestre en esta época, pero asaltará fácilmente el poblado en busca de cualquier fruta de temporada como *Musa sapientum, M. paradisiaca* y

Dacryodes edulis (Egwali, King, Eniang y Obot, 2005).

2.7 Comunicación y percepción

Cercopithecus sclateri, como los demás miembros de su grupo de superespecies Cercopithecus (cephus), tiene un llamativo patrón facial que, según la hipótesis, se utiliza en la comunicación relacionada con la reproducción. En concreto, las mejillas y la nariz pueden ser importantes en la señalización. Este patrón, junto con un movimiento muy rápido y complejo de la cabeza, puede desempeñar un papel importante en el mantenimiento de las relaciones con otros miembros del grupo. La selección sexual puede desempeñar un papel en la evolución del patrón facial en esta especie. La cola, muy coloreada, probablemente también se utiliza para comunicarse con congéneres (Kingdon, 1980). Dentro del género *Cercopithecus, se* han descrito 22 vocalizaciones diferentes. Entre ellas se incluyen ruidos para mantener la cohesión del grupo, señales de advertencia y ruidos fuertes emitidos por los machos (Nowak, 1999). La comunicación táctil es importante en todos los primates. Los comportamientos de acicalamiento suelen indicar relaciones estrechas entre los individuos. Las madres se comunican con sus crías tocándolas, al igual que los compañeros. A menudo se producen agresiones físicas, sobre todo entre machos rivales (Nowak, 1999).

2.8 Reproducción

2.8.1 Intervalo y estación de reproducción

Los intervalos de reproducción para las especies de *Cercopithecus* oscilan entre uno y cinco años y no se ha informado de para *C. sclateri*. Para muchas especies esto ocurre en julio, agosto y septiembre, sin embargo, las especies de la selva tropical, incluyendo potencialmente a *C. sclateri,* muestran más flexibilidad a este respecto. La gestación dura unos 6 meses y el parto tiene lugar en diciembre, enero o febrero. Las crías pesan aproximadamente 400 g al nacer y se aferran al ventrum de la madre. No se conoce el periodo de lactancia de esta especie, pero como la mayoría de *los Cercopitecinos*, probablemente se haya completado alrededor de los 9 meses de edad. Las hembras tienen su primera cría entre los 5 y 6 años de edad. (Fleagle, 1999; Nowak, 1999; Oates, Anadu, Gadsby, y Werre, 1992)

2.8.2 Sistemas de acoplamiento

La información disponible sobre la reproducción de *C. sclateri* es limitada, ya que se trata de una especie endémica redescubierta recientemente. Las primeras observaciones de estos animales en libertad se produjeron en 1988. Este descubrimiento tardío puede deberse en parte a que estos monos habitan una zona de Nigeria que los biólogos y conservacionistas han evitado durante mucho tiempo. En esta parte de Nigeria, la población humana es elevada y faltan zonas naturales donde estudiar a los animales (Oates y Anadu, 1989; Oates, Bergl y Linder, 2004).

Generalmente, dentro del género *Cercopithecus,* la época de apareamiento se corresponde con el momento de mayor disponibilidad de alimento. Sin embargo, los miembros del género son típicamente poligínicos, y es razonable suponer que *C. sclateri* también presenta esta característica. El sistema de apareamiento de su grupo de superespecies difiere de otros guenones en la menor importancia de los grupos de machos solteros. En su lugar, las hembras parecen constituir el núcleo del grupo y a menudo viajan juntas sin macho. La independencia femenina parece ser muy importante, ya que las hembras defienden territorios de otros grupos. Los machos del grupo *C. cephus,* incluido *C. sclateris,* probablemente practican el oportunismo con respecto a la cópula con las hembras en lugar de vigilar grupos de hembras como hacen otros miembros del género (Law y Myers,

2004). Los machos señalan a las hembras antes de montarlas. Lo hacen con movimientos de la cabeza que, según la hipótesis, son un importante ritual de cortejo utilizado para tranquilizar a las hembras con las que un macho quiere aparearse. Además, estos movimientos de la cabeza pueden haber contribuido a la radiación de los complejos patrones faciales de *C. sclateri* y otras especies del grupo *C. cephus* (Fleagle, 1999; Kingdon, 1980).

2.8.3 Inversión parental

Se sabe poco sobre la inversión parental en *C. sclateri*. La especie se parece probablemente a otros monos *Cercopitecinos*. Un guenón joven cabalga sobre el ventrum de su madre, aferrándose a su pelaje y entrelazando su cola con la de ella. Como en la mayoría de los *Cercopitecinos*, el cuidado parental es probablemente proporcionado principalmente por la madre. Amamanta, transporta y acicala a sus crías. Las crías suelen depender de su madre para todos los cuidados. Las crías de *los cercopitecos* suelen permanecer con su madre durante algún tiempo después del destete. No es raro que el rango de las madres afecte a la posición dominante de sus crías. No se ha descrito el papel de los machos en el cuidado parental de esta especie (Nowak, 1999).

2.9 Estado de conservación

El guenón de Sclater es uno de los primates más amenazados de África. Está clasificado como En Peligro por la UICN e incluido en el Apéndice II de CITES (Egwali, King, Eniang y Obot, 2005). La combinación de un área de distribución extremadamente pequeña en una zona muy poblada de Nigeria ha llevado a esta especie al borde de la extinción. La zona de Nigeria en la que se encuentran estos guenones tiene una de las poblaciones rurales más densas de África (Egwali, King, Eniang y Obot, 2005). La gran mayoría de la superficie terrestre se ha convertido a usos agrícolas y plantaciones de especies no autóctonas. Se conocen dos poblaciones de guenones de Sclater en la reserva forestal de Stubb's Creek y en Enyong Creek del estado de Akwa Ibom (Egwali, King, Eniang y Obot, 2005). A principios de la década de 1990, la Nigerian Conservation Foundation inició un proyecto de conservación en la reserva forestal de Stubbs Creek, en el Estado de Akwa Ibom, para conservar estas especies prístinas, aunque en gran medida no ha dado resultados debido a una financiación inadecuada. (Butynski, 2002a; Nowak, 1999; Oates y Anadu, 1989; Oates, Anadu, Gadsby, y Were, 1992; Oates, 1996)

Las principales amenazas para C. sclateri son la destrucción de su hábitat y la caza. Éstas, a su vez, están impulsadas por la rápida expansión de las poblaciones humanas. Además, la zona en la que se encuentra C.

sclateri está situada sobre campos petrolíferos, y en el delta del Níger se están llevando a cabo importantes explotaciones petrolíferas. Sin embargo, estudios recientes están descubriendo más poblaciones de guenones de Sclater (Oates, Anadu, Gadsby y Were, 1992; Oates, 1996). Todas ellas se dan en enclaves forestales relativamente pequeños y aislados. Resulta esperanzador el hecho de que esta especie esté asociada a santuarios y arboledas sagradas en algunos pueblos, donde se protegen debido al tabú asociado a matar o comerse a los monos. En algunos casos, se les considera protectores de los lugares sagrados. Sin embargo, es posible que las generaciones más jóvenes estén perdiendo algunas de estas inhibiciones a la hora de matar a estos monos. (Baker y Tooze, 2003; Butynski, 2002a; Oates y Anadu, 1989; Oates, Anadu, Gadsby, y Were, 1992; Tooze, 1995)

2.10 Amenaza para la conservación de *Cercopithecus sclateri*

Las amenazas globales para la conservación de la fauna salvaje son la pérdida de hábitats y la sobreexplotación de los recursos de la fauna salvaje (Redford, 1992). En las dos últimas décadas, los investigadores opinan que la caza es la principal amenaza para la conservación de la fauna salvaje en los trópicos (Ettah, 2008). Irónicamente, dada la incapacidad de proteger nuestras zonas ecológicas cruciales, estas áreas se están convirtiendo cada vez más en bosques vacíos (Redford, 1992). La amenaza que supone la caza es extremadamente grande en las zonas forestales tropicales, donde la productividad de fauna silvestre comestible es muy baja (Baker y Tooze, 2003; Butynski, 2002a).

La selva tropical es muy rica en biodiversidad (Ettah, 2008), y el uso de la fauna silvestre en la cultura humana está muy extendido. El impacto de los seres humanos sobre la vida silvestre es muy generalizado, de tal manera que la supervivencia de muchas especies silvestres en el ecosistema tropical depende de la comprensión y la utilización sostenible de los productos de la vida silvestre. Además, la interrelación de la vida silvestre y los seres humanos en un bosque de este tipo llega a ser tan intrincada que el bienestar social y económico de la población de los países tropicales pasa a depender de una buena gestión (Boinski *et al.,* 2000; Tutin, 1996).

La carne de animales silvestres y el pescado aportan un mínimo del 20% de las proteínas animales en las comunidades rurales, así como proteínas y grasas esenciales en más de 60 países de todo el mundo (Ettah, 2008). La dependencia exclusiva de la carne de animales silvestres para cubrir las necesidades proteínicas de las comunidades locales, sin las correspondientes medidas de explotación controlada de los recursos, ha agravado el problema de la destrucción de la fauna silvestre, con riesgo de extinción. Algunos grupos de especies silvestres son especialmente vulnerables a la caza, pero la escala actual de la caza afecta a toda la comunidad biótica. Wilkie y Carpenter (1999) informaron de que se cree que cada año se extraen de los bosques de África Central unos 28 millones de duiqueros de la bahía, 16 millones de duiqueros azules y más de 7 millones de colobos rojos. En consecuencia, se cree que la extracción de fauna salvaje de dichos bosques es actualmente seis veces superior a la tasa sostenible (Harcourt y Steward, 1989).

Los grupos de primates salvajes dedican una cantidad considerable de tiempo y energía a alimentarse. Esta observación se realizó durante las estimaciones sobre la forma en que los primates se dividen durante sus horas de vigilia. La migración para alimentarse en zonas con una comunidad de alimentos deseable los hace más vulnerables a la caza furtiva mientras se desplazan (Ettah, 2008). La cantidad de tiempo que dedican a alimentarse puede estar relacionada con la dispersión y la previsibilidad de las sustancias alimenticias como ganancia de energía por unidad de peso de alimento (Fa, 1988). Estos patrones reflejan las variables sociales y ambientales a las que se enfrentan para sobrevivir diaria, estacional y vitalmente. Los estudios sobre los ritmos de actividad de los primates han indicado que presentan una variación diurna consistente entre las poblaciones salvajes y cautivas de la misma especie. Además, las similitudes diurnas de en los presupuestos temporales, como los picos de alimentación a primera y última hora del día, se han registrado en especies con diferentes organizaciones sociales y hábitats, como los lémures, los monos araña y los chimpancés (Wrangham, 1980, Baker y Olubode, 2008).

Los seres humanos son los depredadores más importantes de *C. sclateri*, y la caza está muy extendida en toda su área de distribución (Cercopan.org, 2011). Actualmente, la especie no se encuentra en ninguna zona protegida oficialmente. Sin embargo, hay esperanzas para el futuro, ya que ha sido capaz de persistir en la región de alta densidad humana del sur de Nigeria, muy probablemente debido a su pequeño tamaño, adaptabilidad, naturaleza críptica y estatus general no preferido entre los cazadores en relación con otros monos (Baker y Olubode, 2008). *Los C. sclateri* son raros o están ausentes en gran parte de su supuesta área de distribución original debido a la pérdida regional de hábitat. En las comunidades donde la especie se considera sagrada (Lagwa, Estado de Imo; Akpugoeze, Estado de Enugu; Itam, Estado de Akwa Ibom) (Baker, 2006; Tooze, 1994; Baker y Olubode, 2008), las creencias tradicionales que confieren protección a los monos se están erosionando, y el hábitat disponible para los monos ya es pequeño y está disminuyendo (Oates, Anadu, Gadsby y Were, 1992; Tooze, 1994).

2.11   Factores que afectan a la estructura de la población de guenón de Sclater

El papel de los factores ecológicos a la hora de influir en la densidad o estructura de las poblaciones de primates ha recibido generalmente menos atención por parte de los ecólogos de primates que el papel de la disponibilidad de alimentos (Caldecott, 1980; Chapman, Chapman, Bjorndal y Onderdonk, 2002; Chapman, Chapman y Gillespie, 2002; Davies, Bennett y Waterman, 1988; Dunbar, 1992; Ganzhorn, 1992; McKey, 1978; Milton, 1979). Los primatólogos suponen que los factores ecológicos (por ejemplo, el clima, la disponibilidad de alimentos, las enfermedades y la depredación) impulsan los procesos macroevolutivos (por ejemplo, especiación, radiación y extinción), y el examen de los efectos de estas variaciones en el tiempo y el espacio ha sido el objetivo central de la ecología de los primates durante décadas (Bourliere, 1979; Chapman, Chapman y Gillespie, 2002; Isbell, 1991; Janson y Chapman, 1999; Sterck, Watts y Van Schaik, 1997; van Schaik, 1983; Wrangham, 1980).

Esto es notable dada la amplia atención que se ha prestado a los factores que influyen en el agrupamiento de primates, por ejemplo, debido a la competencia por la alimentación, el infanticidio y las enfermedades (Isbell, 1991; Janson y Goldsmith, 1995; Nunn, 2003; van Schaik, 1983; van Schaik y Janson, 2000; Wrangham, 1980). En principio, los factores específicos del hábitat difieren entre bosques por varias razones, incluidos los factores termorreguladores asociados a la elevación (Caldecott 1980; Hill, Lycett y Dunbar, 2000; Iwamoto y Dunbar, 1983; Baker, 2005); factores locomotores asociados a diferencias en la estructura del dosel (Cannon y Leighton 1994; 1996; Kappeler 1984; Baker, 2005); o competencia interespecífica de otros vertebrados frugívoros (Gautier-Hion 1978; Marshall, Cannon y Leighton, 2009; Poulson, Clark, Connor y Smith, 2002). Se cree que factores como la competencia dentro del grupo y el infanticidio limitan el tamaño del grupo (Janson y Goldsmith 1995; van Schaik y Janson, 2000), mientras que el riesgo de depredación y la competencia entre grupos aumentan los beneficios de la agrupación (Wrangham, 1980; van Schaik, 1983). Debido a la supuesta importancia de la competición de alimentación dentro del grupo, se predice que la aptitud de las hembras es menor en grupos más grandes (Borries, Larney, Lu, Ossi y Koenig, 2008; van Noordwijk y van Schaik, 1999). Esta predicción se basa en la suposición tácita de que alguna variable distinta de la disponibilidad de alimento limita el tamaño del grupo, y que las hembras en grupos más grandes experimentan una competencia alimentaria más intensa. Una hipótesis alternativa es que la aptitud se iguala entre grupos de diferente tamaño dentro de una población porque las hembras se distribuyen según una distribución libre ideal (Fretwell y Lucas,

1969). Esta perspectiva no implica que la competencia alimentaria no sea importante; simplemente sugiere que la influencia de la competencia alimentaria se produce principalmente a la hora de determinar el tamaño del grupo.

2.12 Métodos de estudio de primates en los trópicos

Existe una variedad de técnicas desarrolladas para el censo de grandes mamíferos que son adaptables a los primates de los trópicos. Entre ellas se incluyen el recuento total y por muestreo, los transectos lineales con estimación de distancia, los transectos en franjas de anchura fija y el muestreo por cuadratas (Buckland, Anderson, Burnham y Laake, Burchers y Thomas, 2001). Varias de estas técnicas permiten estimar la densidad de especies individuales cuando se cumplen los supuestos de los métodos. La estimación de la densidad es de especial importancia para la aplicación de actividades de gestión, pero la estimación de la densidad puede estar muy sesgada cuando se incumplen los supuestos (Aguiar y Lacher, 2003). Además, la densidad absoluta no es necesaria para las actividades de seguimiento a largo plazo, y a menudo las estimaciones de abundancia relativa, cuando se tratan en una serie temporal, son más apropiadas para estos fines.

Otra consideración para la selección de una metodología es el número de especies a estudiar. Evaluar el estado de una comunidad multiespecífica presenta dificultades adicionales en el seguimiento. Los supuestos sobre la estimación de la densidad deben aplicarse por igual a todas las especies consideradas, y este supuesto se incumple claramente en la mayoría de los estudios multiespecíficos (Aguiar y Lacher, 2003). Como consecuencia, la estimación de la densidad absoluta en los programas de seguimiento multiespecífico dará lugar a estimaciones sesgadas para algunas de las especies estudiadas. En tales circunstancias , los datos sobre el recuento total de especies (densidad de especies) y los índices de abundancia relativa podrían ser suficientes y más sólidos desde el punto de vista científico.

Los primates son un pequeño componente de la riqueza global de los ecosistemas forestales tropicales, pero son visibles, a menudo están amenazados y en peligro de extinción, tienen un gran atractivo público y pueden ser indicadores sensibles de perturbaciones de bajo nivel. Su incorporación al programa de seguimiento TEAM (Tropical Ecology, Assessment and Monitoring Initiatives) también puede aplicarse fácilmente al diseño empleado para el seguimiento de aves e invertebrados (Aguiar y Lacher, 2003). Además, el seguimiento de grandes mamíferos arborícolas también complementará el protocolo de cámaras trampa para mamíferos terrestres y otros grandes vertebrados.

2.12.1 Descripción de los objetivos del Protocolo de seguimiento de primates

El seguimiento puede utilizarse para diversos fines. Los tres objetivos principales del protocolo de seguimiento de primates TEAM son:

1) Estimar la composición de la comunidad y la riqueza de especies en los lugares;

2) Seguimiento de las tendencias en la abundancia relativa de las especies;

3) Evaluar las asociaciones de hábitat de las especies residentes. Un objetivo secundario es:

4) Estimación de la densidad de las especies más comunes en cada lugar.

El seguimiento de los primates suele realizarse mediante encuestas generales, métodos de censo de barrido o métodos de transectos lineales (Struhsaker, 1997; Quinten, 2008). La elección del método dependerá de los datos necesarios y de los objetivos del estudio. Los métodos más generales, como los estudios geográficos amplios, proporcionan información útil sobre patrones a gran escala de la riqueza de especies en diversos hábitats, pero carecen de rigor estadístico para realizar un seguimiento sensible de las tendencias a largo plazo de la riqueza o la abundancia. A continuación se hace un breve repaso de los métodos útiles para el seguimiento y su justificación;

i. Encuestas generales

Las encuestas generales son una herramienta útil para la evaluación general inicial de la composición de la comunidad. También se pueden obtener índices generales de abundancia relativa si se estandariza la distancia recorrida o el tiempo de observación. Dado que las encuestas generales no suelen utilizar un área de muestreo fija ni transectos que hayan sido cortados a través del bosque, es muy difícil hacer comparaciones entre sitios o a lo largo del tiempo en el mismo sitio (Aguiar y Lacher, 2003). Tienen una utilidad limitada para el seguimiento de grandes áreas o a lo largo del tiempo. Pueden ser útiles para definir el conjunto de especies que se muestrearán con métodos más rigurosos.

ii. Censo de barrido o censo por cuadrantes

El censo de barrido es un intento de contar todos los individuos de una determinada especie o conjunto de especies dentro de un área definida (Struhsaker, 2002) y el diseño espacial suele basarse en cuadrículas, transectos o una combinación de ambos. Lo ideal es que varios observadores recorran líneas de transectos espaciadas regularmente (Struhsaker, 2002) y que todos los individuos o grupos observados se marquen en un mapa. Tras censar una serie de líneas, los observadores comparan los mapas e intentan explicar las observaciones dobles. Este método requiere conocer el comportamiento de movimiento de las especies observadas, de modo que los observadores puedan evitar eficazmente el doble recuento de grupos o individuos que se mueven con rapidez. Este método es un verdadero censo, en el sentido de que se intenta contar todos los individuos presentes. Estos datos pueden utilizarse como índices de abundancia relativa si la metodología es coherente en todos los lugares y a lo largo del tiempo. Dado que no se intenta medir el área de efecto de los recuentos, no es posible realizar estimaciones de la densidad absoluta (Aguiar y Lacher, 2003).

iii. Línea-Transectos

El muestreo de transectos lineales se ha utilizado para estimar las densidades de población de diversos vertebrados, como anfibios (Toft, Rand y Clark, 1992), reptiles (Rand, 1964; Crump, 1971), aves (Emlen, 1971; Ralph y Scott, 1981), mamíferos y primates (Peres, 1999; Buckland *et al.,* 2001; Quinten, 2008). Estos muestreos de transectos dependen de la detección de animales a uno o ambos lados de un camino o ruta de estudio. Estos muestreos se han empleado tanto para trabajos de prospección en los que se requieren estimaciones rápidas de poblaciones animales en zonas geográficas muy diferentes como para estudios más detallados dentro de una zona geográfica limitada (bosque comunitario de Ikot Uso Akpan). Estos estudios más detallados incluyen el seguimiento de los cambios temporales en las poblaciones, la comparación de hábitats o condiciones dentro de la misma área geográfica y la estimación de la población en un área limitada donde otros métodos no son factibles (Cant, 1978; Green, 1978; Whitesides, 1981).

Las técnicas de muestreo por transectos varían en función del terreno, el hábitat, las condiciones del hábitat y las especies objetivo. En el caso de animales relativamente pequeños (incluidos los primates) y en zonas boscosas donde la visibilidad es limitada, los muestreos a pie suelen ser el único método viable. En algunos estudios sobre primates forestales se han utilizado canoas o lanchas motoras para aprovechar el fácil acceso que ofrecen las vías fluviales (Southwick, Berg y Siddiqi, 1961), , pero al no estar situadas al azar con respecto a la topografía y la vegetación, las vías fluviales pueden atravesar zonas de densidad animal típica.

Las estimaciones de la densidad de población a partir de muestras de transectos se basan en el cálculo del número de animales dentro de la zona estudiada utilizando;

i. Número de animales (o grupos de animales) observados;

ii. Longitud del transecto;

iii. Una estimación de la anchura muestreada.

El número de animales avistados y la longitud del transecto implican mediciones directas o recuentos (Figura 4). La terminología y las variables utilizadas en el cálculo de la densidad basado en un método de estimación de la densidad por transectos lineales son las siguientes

$$x = r \sin \theta \qquad (1)$$

donde r = la distancia de observación, x = la distancia perpendicular y θ es el ángulo de observación. Sin embargo, los métodos para determinar la anchura de la muestra difieren y suelen ser subjetivos (Buckland, 1985; Brockelman y Ali, 1987). La anchura muestreada es la distancia perpendicular desde el centro de la línea del transecto hasta la distancia efectiva aparentemente sin referencia a los datos (Cant, 1978).

Algunos estudios han estimado la anchura de las muestras inspeccionando la distribución de las distancias observador-animal (avistamiento) y/o transecto-animal (perpendicular) en el plano horizontal (Defler y Pintor, 1985). Estos estudios asumen que el número de avistamientos de animales más allá de la distancia efectiva es igual al número de avistamientos perdidos a distancias más cercanas (Gates, 1979), permitiendo así el uso de todos los datos. Otros numerosos autores (Pollock, 1978; Burnham *et al.,* 1979, 1980, 1981; Quinn y Gallacci, 1980; Johnson y Routledge, 1985) han sugerido modelos paramétricos y no paramétricos que asumen una probabilidad decreciente de detectar animales a distancias crecientes de la línea de transecto. Estos modelos intentan representar esta relación mediante una "función de detección" adecuada, que sustituye a las estimaciones de anchura de muestra fija en los cálculos de la densidad de población. Dado que estos modelos corrigen los avistamientos fallidos de animales, también permiten utilizar todos los datos (Buckland, 1985).

Los animales que viven en grupos (por ejemplo, los primates) presentan una dificultad adicional para determinar la amplitud de la muestra porque la probabilidad aumenta con el tamaño del grupo (Freese, Heltne, Gastro y Whitesides, 1980). Independientemente del método de muestreo, los observadores detectan algunas especies más fácilmente que otras. Entre los primates forestales, los más fáciles de detectar son los que suelen vivir en las copas de los árboles en grandes grupos ruidosos dispersos por una amplia zona. Menos fáciles de detectar son los que viven en grupos sociales pequeños o más agrupados, frecuentan las marañas de lianas o la vegetación densa del sotobosque y hacen relativamente poco ruido. Otras características de comportamiento también son importantes; por ejemplo, las especies que huyen ruidosamente al detectar a un observador tienen menos probabilidades de pasar desapercibidas que las que permanecen silenciosas e inmóviles. Estos factores dificultan la estimación de la densidad.

Además, John (1985) observó que el comportamiento de una especie cambia con la alteración del hábitat. Sugirió que tales cambios podrían afectar a la comparabilidad y precisión del muestreo de transectos realizado en hábitats diferentes (bosque talado frente a bosque no talado). Sin embargo, Skorupa (1987), utilizando datos de Malasia y Uganda y de conjuntos de datos derivados, no encontró ningún efecto sobre la validez de los resultados de los datos de las muestras de transectos.

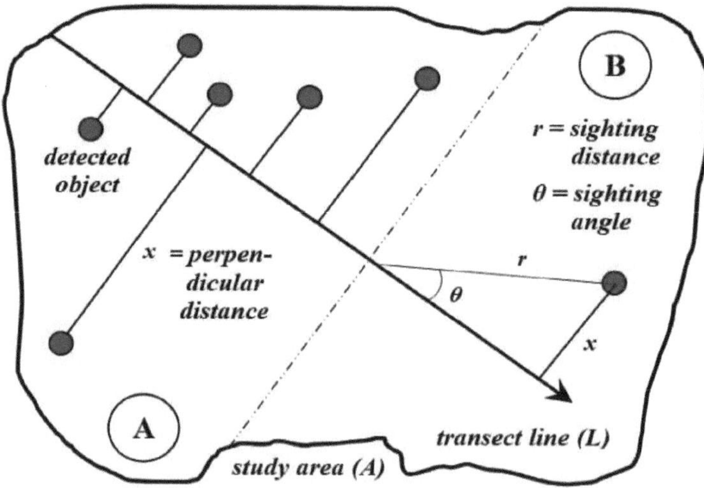

Figura 3: Muestreo de transectos lineales utilizando la distancia perpendicular o la distancia y el ángulo de observación

Fuente: Buckland _et al.,_ 2001 y Quinten, 2008

CAPÍTULO 3

MATERIALES Y MÉTODOS

3.1 Área de estudio

La zona de estudio está situada en la parte sur de Nigeria, en el Estado de Akwa Ibom, entre 5°7'49" Norte y 7°56'47" Este, y se extiende entre los pueblos de Ikot Uso Akpan y Obong Itam, en el Área de Gobierno Local de Itu (Egwali *et al.*, 2005). El Área de Gobierno Local de Itu ocupa una superficie de aproximadamente 606,10 kilómetros cuadrados (onlinenigeria.com, 2011). Limita al norte y al noreste con Odukpani, en el estado de Cross River, y Arochukwu, en el estado de Abia; al oeste, con las áreas de gobierno local de Ibiono Ibom e Ikono; al sur y al sureste, con las áreas de gobierno local de Uyo y Uruan, respectivamente.

La vegetación de la zona a lo largo de la línea Oeste es un bosque pantanoso y bosque húmedo de tierras bajas en la interlínea (onlinenigeria.com, 2011). La topografía de la zona es muy ondulada. La zona tiene de ocho a nueve meses de estación lluviosa y un corto período de tres a cuatro meses de estación seca. Las precipitaciones medias anuales oscilan entre 2.500 mm y 3.000 mm, con una temperatura media anual de unos 26,1 °C y una humedad relativa del 85% (Metz, 1992; Fasona y Omojola, 2005).

Los pueblos de Ikot Uso Akpan y Obong Itam forman parte de una zona de clanes llamada Itam, donde tradicionalmente la gente no mata ni come monos. Actualmente, el grado de protección de los monos varía mucho de un pueblo a otro de Itam, pero los pueblos de Ikot Uso Akpan y Obong Itam protegen estrictamente y prohíben matar a los monos. Se dice que hace unos años, un maestro de primaria que había estado cazando monos en el pueblo fue trasladado a otro lugar por la comunidad en un intento de proteger a su criatura sagrada. También se ha informado de que un cazador del cercano pueblo de Ibiono Local Government Area ha sido encontrado muerto en el fragmento de bosque con los restos del mono muerto al que disparó sin ninguna causa física de la muerte del cazador.

En 2003, el Centro de Humedales y Gestión de Residuos de la Universidad de Uyo inició un proyecto para estudiar el mono en Ikot Uso Akpan y estaba colaborando con la comunidad para crear un santuario comunitario de fauna salvaje en la zona. Asimismo, una organización no gubernamental (Centro de Preservación de la Biodiversidad), con sede en el pueblo colindante de Obong Itam, también está colaborando con los dos pueblos (Ikot Uso Akpan y Obong Itam) para garantizar la ejecución de un proyecto de pequeñas subvenciones de las Naciones Unidas de restauración del hábitat que comenzó en 2010 y se espera que finalice a finales de 2012. El proyecto está en marcha, con la donación gratuita de plantones de árboles a los miembros de la comunidad para que planten árboles autóctonos en las zonas degradadas y el suministro de agua de pozo a la comunidad de Ikot Uso Akpan a través de .

El área más amplia del fragmento de bosque consiste en bosque secundario de unos cinco pequeños bosques sagrados de aproximadamente 0,75ha (Okuku), 0,5ha (Ikot Udo Inyang), 1,05ha (Idim Afia), 0,75ha (Etuk Ikwuad) y 1,85ha (Akamba Ikwuad) donde no se permite a la gente cultivar y que se dice que son el hábitat de los monos. Estas zonas forestales están mezcladas con arbustos agrícolas y palma aceitera y rodeadas principalmente por plantaciones de palma aceitera.

Los habitantes de las comunidades colindantes (Ikot Uso Akpan y Obong Itam) son principalmente agricultores de subsistencia que también se dedican al comercio de productos forestales no madereros (PFNM) recolectados del bosque y de productos agrícolas como medio de vida. Algunos miembros de la comunidad también se dedican a otros oficios, como artesanos, conductores y madereros.

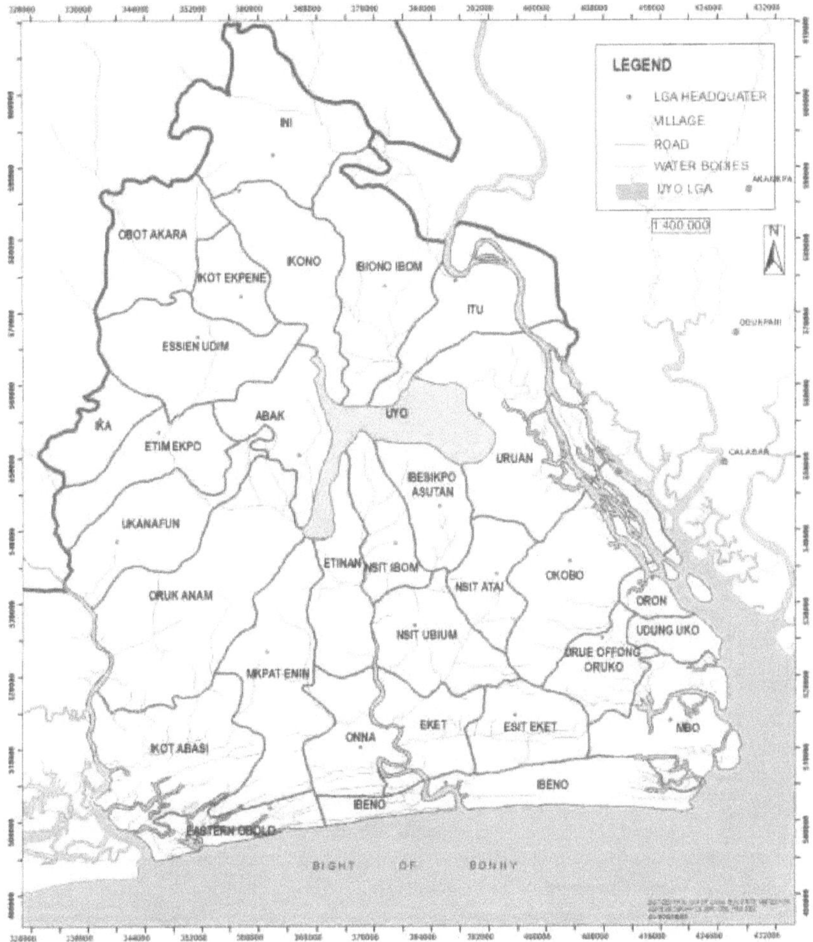

Figura 4. Mapa del Estado de Akwa Ibom y zona de estudio
Fuente: Offiong, Udofia y Etuk, 2011

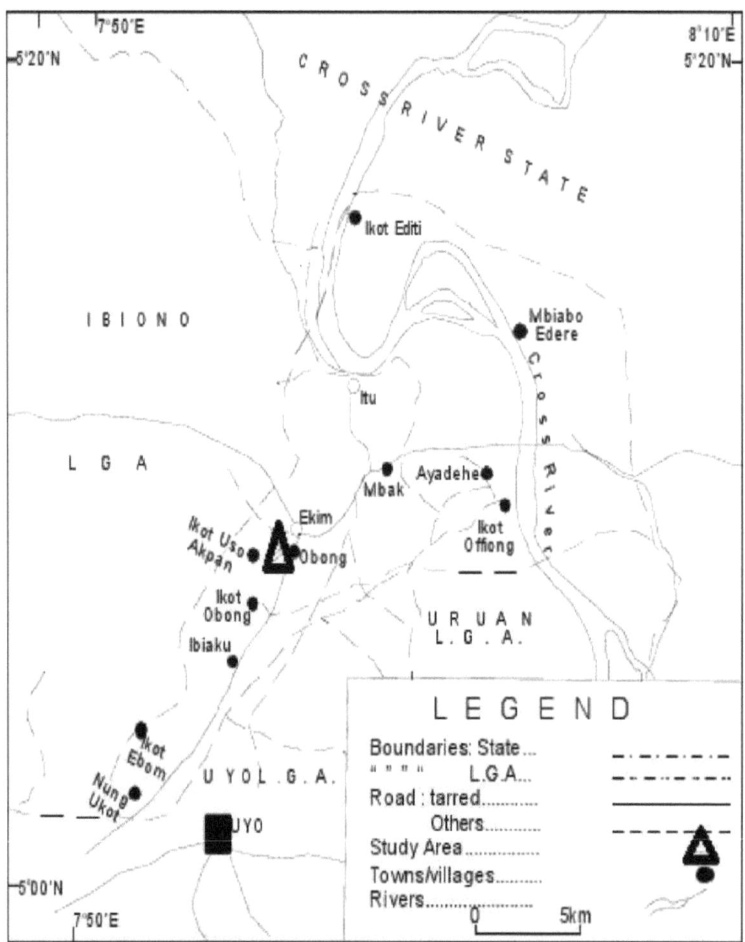

Figura 5: Mapa de la zona de estudio y los pueblos vecinos

Fuente: Egwali, King, Eniang y Obot (2005)

3.2 Materiales utilizados en la investigación

Los materiales que se utilizaron en el trabajo de campo de la investigación fueron los siguientes;

i. Libro de datos de campo - Para la recogida de datos

ii. Una cámara de fotos digital Kodak - Para la colección de imágenes

iii. Unos prismáticos - Para avistar

iv. Un Sistema de Posicionamiento Global (GPS) - Para tomar la posición geográfica (coordenadas), la distancia y la elevación.

v. Un machete - Para la limpieza de transectos.

vi. Una cinta de 50 metros - Para medir

vii. Dos (2) asistentes de campo - Para la recogida de datos y como guía local.

viii. Una birome - Para anotar datos

ix. Mochilas - Para guardar y transportar los artículos de campo necesarios.

x. Ordenador personal/portátil

xi. Impresora/Copiadora

xii. Dos paquetes de papel A4 - Para imprimir y copiar

xiii. Un calibre de diámetro

xiv. Una brújula prismática

3.3 Recogida de datos
3.3.1 Encuesta de reconocimiento

Una de las condiciones previas esenciales para lograr un buen resultado de la encuesta es que el investigador esté familiarizado con el objeto de estudio (Brockelman y Ali, 1987; Peres, 1997). Para el estudio de C. sclateri, esto se garantizó mediante un proceso en tres etapas: En primer lugar, se recopilaron conocimientos sobre las características físicas, la vocalización y la ecología a través de la bibliografía y el reconocimiento de la zona del proyecto. En el segundo paso, el investigador pasó algunos días en la estación de campo del Centro de Preservación de la Biodiversidad (BPC) en Obong Itam (uno de los pueblos que comparten frontera con el bosque comunitario) y participó en las actividades diarias de otros investigadores de primates para adquirir la experiencia práctica necesaria. El estudio de reconocimiento también contó con formación adicional durante el trazado del sistema de transectos para mejorar la capacidad del investigador de censar a los primates visual y acústicamente.

3.3.2 Procedimientos de campo/disposición espacial para el estudio de primates

El área de distribución de los primates es mucho mayor que 1 ha, por lo que el estudio de *C. sclateri* se realizó en una línea de transecto de hasta 2 km de longitud que atravesaba todo el bosque comunitario. La línea de transecto tiene un diámetro de 1 m y se extiende hasta 10 m a ambos lados de la línea de transecto.

La prospección de *C. sclateri* en la zona de estudio se llevó a cabo mediante la técnica de prospección directa denominada *método de transectos lineales*. Este método se ha aplicado con éxito en estudios anteriores en los trópicos (Janson y Goldsmith, 1995; Buckland, Anderson, Burnham y Laake, Burchers y Thomas, 2001; Aguiar y Lacher, 2003; Egwali, King, Eniang y Obot, 2005; Quinten, 2008). El transecto lineal se utilizó para la recopilación de datos de presencia-ausencia de especies, para las estimaciones de riqueza y composición de especies y para la recopilación de datos censales.

En el transcurso de una encuesta de transecto lineal, generalmente es imposible detectar todos los objetos dentro del área que se encuesta. El método del transecto lineal tiene en cuenta, suponiendo que el objeto tiene una probabilidad cada vez mayor de ser detectado cuando disminuye su distancia al transecto y que siempre se detectan todos los objetos que se encuentran en (o por encima de) la propia línea del transecto (Buckland, Anderson, Burnham y Laake, 1993; Buckland, Anderson, Burnham y Laake, Burchers y Thomas, 2001; Barry y Welsh, 2001). Durante el análisis de los datos, la relación puede modelizarse con la llamada función de detección, que expresa la probabilidad de detectar a cierta distancia del transecto (Buckland, Anderson, Burnham y Laake, 1993; Buckland, Anderson, Burnham y Laake, Burchers y Thomas, 2001). Así fue posible estimar la proporción de objetos no detectados durante el censo y calcular el número total de objetos dentro de la zona estudiada, así como su densidad por unidad de superficie (Thomas, Buckland, Burnham, Anderson, Laake *y otros,* 2002).

Para garantizar estimaciones precisas de la densidad de *C. sclateris,* se observaron los tres supuestos fundamentales del método de transectos lineales (Buckland *et al.,* 1993, 2001; Quinten, 2008) en cada estudio;

i. Siempre se detectan los objetos situados directamente en las líneas de transecto (o por encima de ellas).

ii. Los objetos se detectan en su ubicación inicial, antes de cualquier movimiento inducido por el observador

iii. Todas las distancias (y ángulos, en su caso) se miden con precisión.

i. Frecuencia de muestreo

El estudio de *C. sclateri* se llevó a cabo entre las 7.00 y las 9.00, las 9.30 y las 11.30 y las 15.30 y las 17.30 con la ayuda de dos lugareños experimentados que conocían bien la zona de estudio y el mono. Ambos lugareños se familiarizaron con el equipo de estudio (GPS, telémetro y brújula de avistamiento, prismáticos, etc.) y con el protocolo de censo. El censo se llevó a cabo una vez a la semana durante seis meses, de febrero a mayo para la estación seca y de junio a septiembre de 2012 para la estación lluviosa. El censo se evitó durante los días lluviosos, principalmente por dos razones; en primer lugar, las gotas de lluvia que caen en el bosque crearán un fondo acústico desfavorable para el censo, reduciendo la capacidad de escuchar los movimientos típicos de los animales, lo que podría impedir la detección de *C. sclateri* que de otro modo se habría registrado (Peres, 1999). En segundo lugar, se ha observado que algunas especies de primates se mueven poco o incluso permanecen inmóviles en un árbol durante la lluvia (Whitten, 1982; Feuntes, 1996), un comportamiento que reduce su probabilidad de ser detectados.

ii. Formularios e introducción de datos

La información recopilada durante cada estudio de censo se registró en un Protocolo de Primates de la Iniciativa TEAM modificado - Formulario de Datos de Transectos Lineales, tal y como recomiendan Buckland *et al.,* (2001) y Quinten (2008). Siempre que se lleve a cabo un estudio en cualquiera de las pistas, se registrará la fecha, hora (inicio/final) y número de pista en una hoja de datos adecuada. Para cada observación/detección específica durante el censo, se registrará la hora del encuentro, el número de individuos, la composición del grupo, la distancia perpendicular desde la línea del transecto (medida o estimada) y las condiciones meteorológicas. También se anotará cualquier tipo de acontecimiento significativo que acompañe a cualquier observación, así como el comentario pertinente que lo especifique. En el cuadro 3 figura un ejemplo de anotación en la hoja de datos.

Cuadro 2: Parámetros de la encuesta y ejemplo de introducción de datos en una hoja de encuesta

ID	Fecha	Número de pista	Hora: inicio / fin	Hora del encuentro	N° de personas	Composición del grupo	Distancia perpendicular Meas. Estim.
-	-	-	-	-	-	-	-
23	08/09	BT 05	7.09/12.34	8.36	5	3 Adultos, 2 Juvenil	45m -
-	-	-	-	-	-	-	--

Fuente: Buckland *et al.,* (2001) y Quinten (2008)

3.3.3 Evaluación del perfil forestal

Para obtener una visión general del perfil del bosque, se examinará una muestra representativa de los fragmentos de bosque de la zona de estudio. Se establecieron dos parcelas de inventario de 50 m x 50 m y 50 m x 70 m dentro del bosque comunitario, se delimitaron sus lindes y se recogieron los siguientes parámetros para cada árbol con un diámetro a la altura del pecho (DAP) igual o superior a 10 cm, tal y como describe Quinten (2008);

- Posición X/Y dentro de la parcela utilizando una simple cinta métrica;

- DAP, circunferencia;

- Altura del árbol,

- Altura del tallo (altura de la primera rama),

- Dimensión de la corona; y

- Identificación de las especies arbóreas.

Cuadro 3: Parámetros de la encuesta y ejemplo de introducción de datos en una hoja de encuesta

ID	ESPECIES ARBÓREAS	CIRCUNFERENCIA FERNCE (CM)	DAP (CM)	ALTURA DEL ÁRBOL (M)	ALTURA DEL TRONCO (M)	DIRECCIÓN X/Y (M)	DIMENSIÓN DE LA CORONA (M)			
							N	S	E	W
-	-	-	-	-	-	-	-	-	-	-
14	*E. guineensis*	23	17	35	29	1.7/0.8	0.6	0.1	0.4	0.3
-	-	-	-	-	-	-	-	-	-	-

Fuente: Quinten, 2008

3.4 Análisis de datos

Se utilizaron estadísticas descriptivas para ilustrar la tasa de encuentros con *Cercopithecus sclateri* en el área de estudio, mientras que se utilizaron Chi-cuadrado (X^2) y *la prueba T de Student* para determinar las diferencias entre los encuentros con primates en la estación lluviosa y en la seca. Además, la población del área de muestreo y la población total se calcularán de la siguiente manera;

Densidad de población ( ) $\hat{D}$

$$\hat{D} = \frac{n}{2Lw} \qquad\qquad\qquad (2)$$

donde n = número de objetos observados

L = longitud total del transecto

w = anchura de la banda

Sustituyendo *w* por a obtenemos:

$$\hat{D} = \frac{n}{2La}$$

$$\qquad\qquad (3)$$

donde a = la mitad de la anchura efectiva de la banda (ESW).

La constante *"a"* es simplemente el área total bajo la función de detección **g(x)**:

$$a = \int_{0}^{w} g(x)\,dx$$

$$\qquad\qquad (4)$$

Función de detección

$$g(x) = \text{Pr}\{object\ observed \mid x\} \qquad\qquad (5)$$

= probabilidad de observar un objeto dado que está a "x" distancia de la línea.

El problema básico en la estimación de la densidad es estimar el parámetro *a*, o equivalentemente, $1/a$.

En cualquier variable aleatoria continua, como la distancia de detección, subyace una **función de densidad de probabilidad (fdp), denominada f(x).**

f(x) puede considerarse como la fdp subyacente a partir de la cual se generaron los datos de distancia observados (por ejemplo, fdp normal, fdp exponencial negativa). Se puede demostrar que f(x) y g(x) están relacionadas por:

$$f(x) = \frac{g(x)}{a}$$

$$\qquad\qquad (6)$$

Como señalan Burnham et al. (1980), esta ecuación muestra que **f(x)** es simplemente **g(x) escalada para**

integrarse a 1 (y por lo tanto ser una pdf válida).

La hipótesis crítica que permite la estimación a partir de datos de distancia es que se detectan todos los objetos situados directamente en la línea (distancia = 0), es decir, **g(0) = 1.**

If   g(0) = 1, then   f(0) = 1/â -   -   -   -   (7)

Si podemos estimar f(0), entonces podemos estimar *a* como:

$$\hat{a} = \frac{1}{\hat{f}(0)}$$

(8)

La ecuación para estimar la densidad (**D** = **n/2La**) puede reescribirse en términos de **f(0)**:

$$\hat{D} = \frac{n\hat{f}(0)}{2L}$$

(9)

ii. Evaluación del perfil del árbol

El perfil del bosque se analizó utilizando el programa *"Tree Draw"* Versión 3.0, Stand Visualization System (SVS). Se utilizó Microsoft Excel para la imputación de datos y la visualización de una vista aérea y bidimensional de los datos de las parcelas de muestreo de la zona de estudio.

CAPÍTULO 4

RESULTADOS Y DISCUSIÓN

4.1 Resultados

4.1.1 Datos censales del guenón de Sclater *(Cercopithecus sclateri)*

4.1.1.1   Censo de temporada seca del guenón de Sclater

El resultado de la Tabla 4 muestra el censo de *C. sclateri* durante la estación seca en el bosque comunitario de Ikot Uso Akpan. Se realizaron un total de 15 censos en el área de estudio (tres veces en cada uno de los cinco fragmentos de bosque). El resultado fue un total de 81 recuentos individuales pertenecientes a un recuento de 16 grupos de *C. sclateri*. La población adulta de *C. sclateri* fue más abundante (77,5%) en comparación con la población juvenil (22,5%). El recuento de individuos entre los 15 días de censo osciló entre 4 y 13 individuos. Se observó un máximo de 2 grupos de *Cercopithecus sclateri* en 6 de los 15 censos con recuentos individuales que variaron entre 7 y 13/día. Se observó un solo grupo de *C. sclateri* en 4 días con individuos que oscilaban entre 4 y 8 individuos/día. No se realizaron observaciones ni recuentos en 5 de los 15 días de censo.

El análisis del censo de *C. sclateri* durante la estación seca (Tabla 5) mostró que el recuento medio de adultos, juveniles, individuos, grupos y lugares fue de 4,13, 1,26, 5,27, 1,2 y 0,67 respectivamente. La desviación estándar entre los diversos parámetros osciló entre 0,49 en el recuento de sitios y 4,57 en el recuento de individuos. Además, el límite de confianza entre los parámetros mostró que el recuento individual tenía el límite más alto de 0,65 y el recuento de sitio el más bajo de 0,07. Además, el análisis de la precisión porcentual mostró que el recuento de juveniles tenía la precisión porcentual más alta (15,10%) y el recuento de grupos tenía la precisión porcentual más baja (8,30%).

Tabla 4: Censo de temporada seca de guenón de Sclater en el bosque comunitario de Ikot Uso Akpan

FECHA DEL CENSO	NOMBRE DEL TRÁNSITO	OBSERVACIÓN		RECUENTO INDIVIDUAL	GRUPO CONTAR	FRECUENCIA DE PARCELA CON AVISTAMIENTO
		ADULTOS	JUVENIL			
1/2/2012	Ikwatl	10	3	13	2	1
8/2/2012	Ikwat2	6	2	8	1	1
15/2/12	Okuku	5	-	5	1	1
22/2/12	IkotInyang	-	-	-	-	-
29/2/12	IdimAfia	5	2	7	2	1
7/3/2012	Ikwatl	7	3	10	2	1

Fecha	Sitio				
14/3/12	Ikwat2	-	-	-	-	-
21/3/12	Okuku	4	-	4	1	1
28/3/12	Ikot Inyang	-	-	-	-	-
4/4/2012	IdimAfia	-	-	-	-	-
11/4/2012	Ikwat1	8	3	11	2	1
18/4/12	Ikwat2	5	2	7	2	1
25/4/12	Okuku	3	1	4	1	1
2/5/2012	Ikot Inyang	-	-	-	-	-
9/5/2012	IdimAfia	7	3	10	2	1
Total		**62**	**19**	**81**	**16**	**10**
Porcentaje (%)		**77.5**	**22.5**	**100**	**100**	**100**

Cuadro 5: Análisis del censo en la estación seca para el guenón de Sclater

PARÁMETROS	MEAN	DESVIACIÓN TÍPICA	LÍMITE de CONFIANZA DEL 95	PORCENTAJE DE PRECISIÓN (%)
Adultos	4.00	3.36	0.50	12.11
Juvenil	1.27	1.33	0.19	15.10
Recuento individual	5.33	4.57	0.65	12.33
Recuento de grupos	1.2	0.68	0.10	8.30
Página web	0.67	0.49	0.07	10.45

Censo de la temporada de lluvias del guenón de Sclater

El resultado del censo de *Cercopithecus sclateri* durante la estación de lluvias en el bosque comunitario de Ikot Uso Akpan (Tabla 6) muestra que se realizaron un total de 86 recuentos individuales pertenecientes a un recuento de grupos de 18 agrupaciones. El resultado también mostró que la población adulta *de Cercopithecus sclateri* era más abundante (75,58%) en el área de estudio que la población juvenil (24,42%). Los recuentos individuales variaron entre 3 y 12 individuos, y se observó un máximo de 2 grupos de *C. sclateri* en 6 días de censo, con recuentos individuales que variaron entre 8 y 12 individuos/día. Se observó un único grupo *de Cercopithecus sclateri* en 6 días de censo, con recuentos individuales que oscilaron entre 3 y 7 individuos/día. No se realizaron observaciones ni recuentos individuales en 3 días del censo de la estación seca.

El análisis del censo de *C. sclateri* en la estación lluviosa (Tabla 7) mostró que el recuento medio de todos los adultos, juveniles, recuento individual, recuento de grupo y sitio en el área de estudio fue de 4,33, 1,40, 5,73, 1,2 y 0,8 respectivamente. La desviación estándar entre los parámetros mostró que el recuento individual tenía el límite más alto de 3,75 y el recuento de sitio tenía el límite más bajo de 0,41. También, el límite de confianza de los diversos parámetros mostró que el recuento individual tenía el límite más alto de 0,41. Asimismo, el límite de confianza de los distintos parámetros osciló entre 0,11 en el recuento de grupos y 4,57 en el recuento de individuos. Además, el análisis de la precisión porcentual mostró que el recuento de sitios tenía la precisión porcentual más alta (72,50%) y el recuento de adultos tenía la precisión porcentual más baja (9,01%).

Tabla 6: Censo en época de lluvias de guenón de Sclater en el bosque comunitario de Ikot Uso Akpan

FECHA DEL CENSO	NOMBRE DEL TRÁNSITO	OBSERVACIÓN		RECUENTO INDIVIDUAL	RECUENTO DE GRUPOS	FRECUENCIA DE PARCELA CON AVISTAMIENTO
		ADULTOS	JUVENIL			
6/6/2012	Ikwatl	9	3	12	2	1
13/6/2012	Ikwat2	3	2	5	1	1
20/6/2012	Okuku	3	-	3	1	1
27/6/2012	Ikot Inyang	4	1	5	1	1
4/7/2012	IdimAfia	5	2	7	1	1
11/7/2012	Ikwatl	-	-	-	-	-
14/3/2012	Ikwat2	7	2	9	2	1
21/3/2012	Okuku	4	-	4	1	1
28/3/2012	Ikot Inyang	-	-	-	-	-
4/4/2012	IdimAfia	6	2	8	2	1
11/4/2012	Ikwatl	7	3	10	2	1
18/4/2012	Ikwat2	5	2	7	1	1
25/4/2012	Okuku	6	2	8	2	1
2/5/2012	Ikot Inyang	-	-	-	-	-
9/5/2012	IdimAfia	6	2	8	2	1
Total		**65**	**21**	**86**	**18**	**12**
Porcentaje (%)		**75.58**	**24.42**	**100**	**100**	**100**

Cuadro 7: Análisis del censo en la estación seca para el guenón de Sclater

PARÁMETROS	MEAN	DESVIACIÓN TÍPICA	LÍMITE DE CONFIANZA DEL 95	PORCENTAJE DE PRECISIÓN (%)
Adultos	4.33	2.74	0.39	9.01
Juvenil	1.40	1.12	0.16	11.43
Recuento individual	5.73	3.75	0.54	9.42
Recuento de grupos	1.2	0.77	0.11	9.17
Página web	0.8	0.41	0.58	72.50

4.1.1.3 Estimaciones de precisión para 15 censos de guenón de Sclater

El resultado de la Figura 6-13 indica la precisión estimada del censo de guenón de Sclater tanto en la estación seca como en la lluviosa en el bosque comunitario de Ikot Uso Akpan. El resultado de este análisis mostró que la precisión varió en todos los parámetros (adultos, juveniles, recuento individual y recuento de grupos) en ambas estaciones. El porcentaje de precisión de los adultos (estación seca) varió entre el 12,11% y el 62,29%, mientras que el de los adultos (estación lluviosa) varió entre el 9,01% y el 48%. El porcentaje de precisión de los juveniles varió entre el 15,1% y el 95,2% en la estación seca y entre el 11,43% y el 68,67% en la estación lluviosa. En el recuento individual, el porcentaje de precisión osciló entre el 12,33% y el 66,62% en la estación seca y entre el 9,24% y el 50,24% en la estación lluviosa. El porcentaje de precisión del recuento grupal de guenón de Sclater en la zona de estudio para la estación seca osciló entre el 8,30% y el 65% y entre el 9,17% y el 32% en la estación lluviosa.

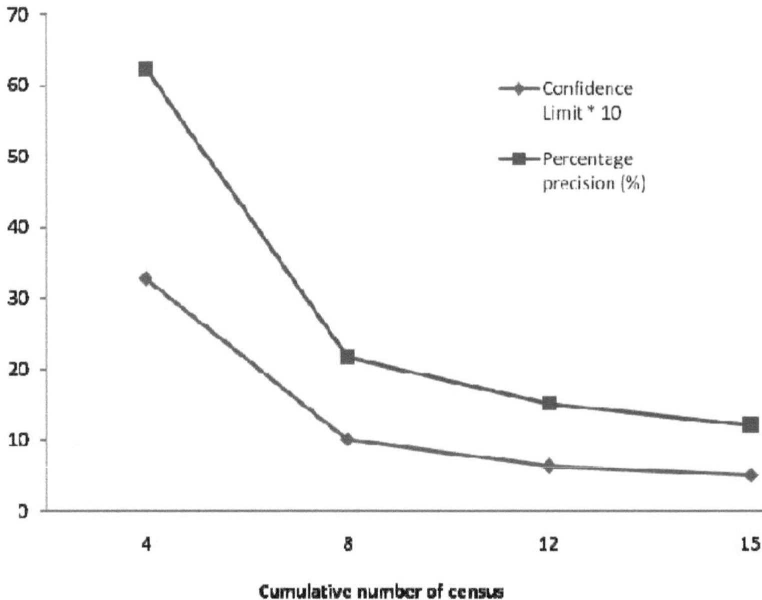

Figura 6: Estimaciones de precisión para 15 censos de temporada seca de guenón de Sclater (adulto)

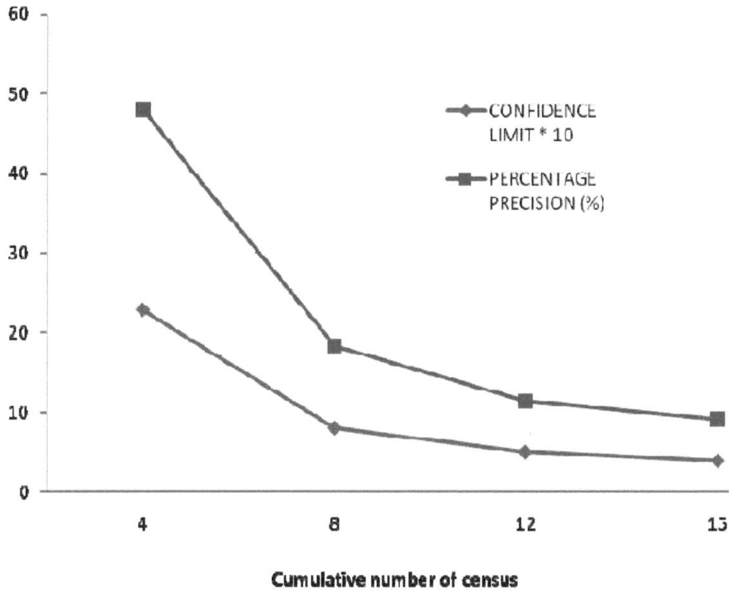

Figura 7: Estimaciones de precisión para 15 censos de temporada de lluvias de guenón de Sclater (adulto)

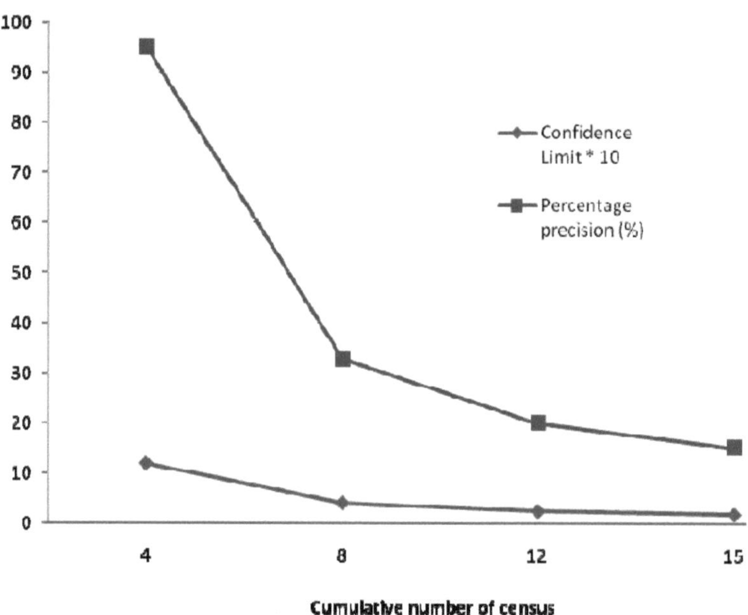

Figura 8: Estimaciones de precisión para 15 censos de temporada seca de guenón de Sclater (juvenil)

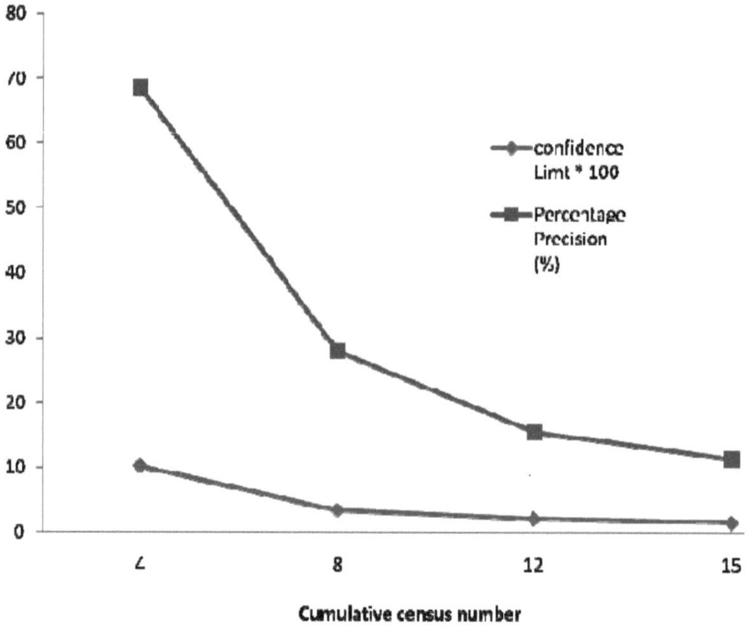

Figura 9: Estimaciones de precisión para 15 censos de temporada de lluvias de guenón de Sclater

(juvenil)

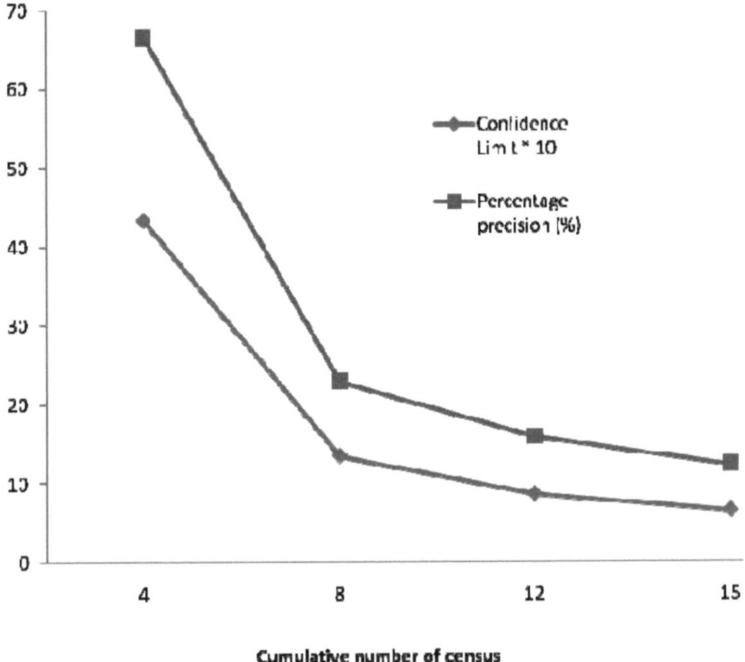

Figura 10: Estimaciones de precisión para 15 censos de temporada seca de guenón de Sclater (Individual)

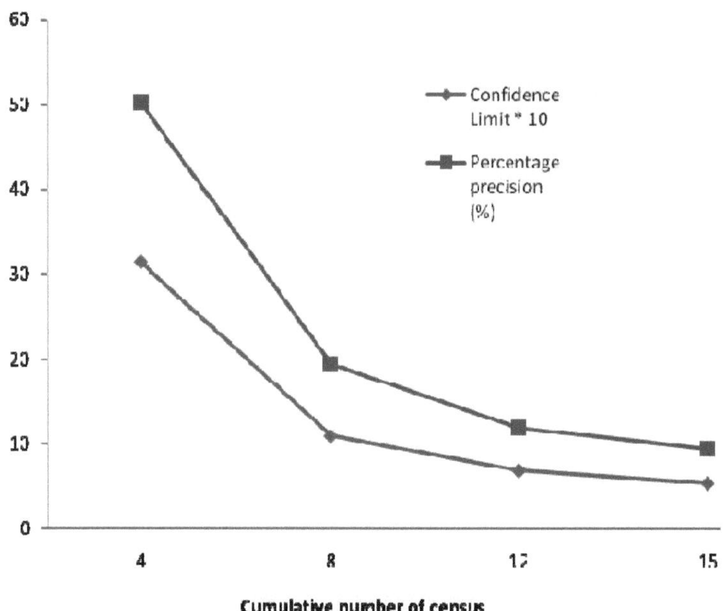

Figura 11: Estimaciones de la precisión para 15 censos de temporada de lluvias de guenón de Sclater (individuo)

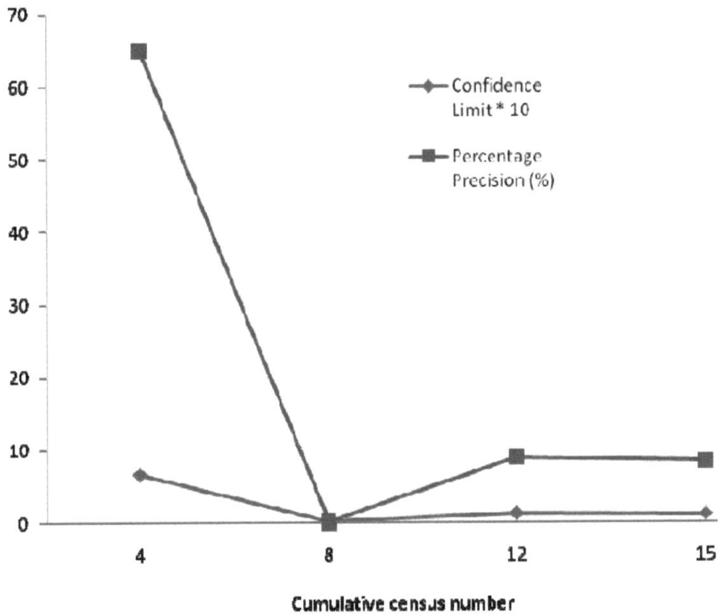

Figura 12: Estimaciones de precisión para 15 censos de temporada seca de guenón de Sclater (Grupo)

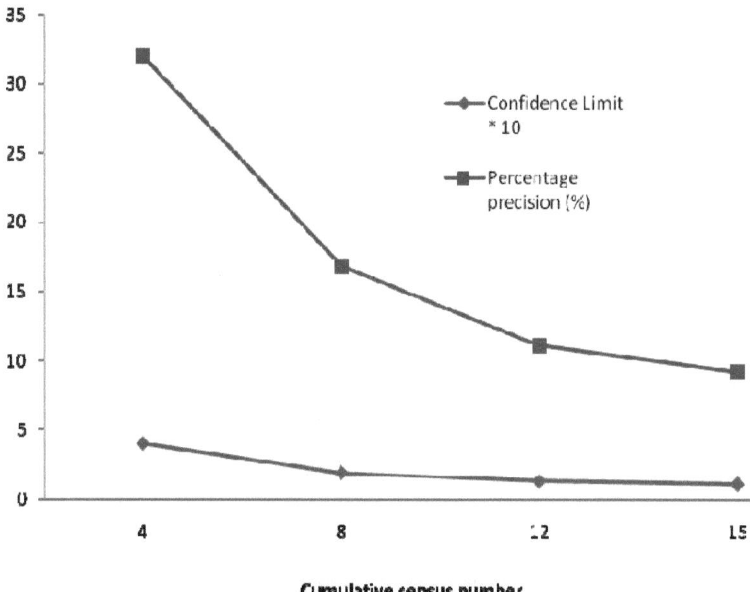

Figura 13: Estimaciones de precisión para 15 censos de temporada de lluvias de guenón de Sclater (grupo)

4.1.1.4   Estimaciones de la distancia entre el observador y el animal en el momento del primer avistamiento

El resultado de la estimación de la distancia entre el observador y el animal cuando fue avistado por primera vez durante la estación seca y lluviosa (Figura 14) indica que se realizaron un total de 16 encuentros para la estación seca y 18 encuentros para la estación lluviosa. Como se muestra en la Figura 14, cada encuentro de observación en grupo se contabilizó como un único encuentro, independientemente del número de *Cercopithecus sclateri* que se observó en el grupo.

En la estación seca, no se encontró ningún grupo de *Cercopithecus sclateri* a menos de 5 m de la línea del transecto. Una mayor proporción de los encuentros realizados en la estación seca se encontraron a 21 m y 35 m de la línea de transecto. El resultado del censo de la estación lluviosa mostró que hubo encuentros con *Cercopithecus sclateri* en toda la anchura de las líneas del transecto, lo que no se observó en el censo de la estación seca. La mayoría de los encuentros en la estación lluviosa se observaron entre los 11 m y los 25 m de ancho de la línea de transecto.

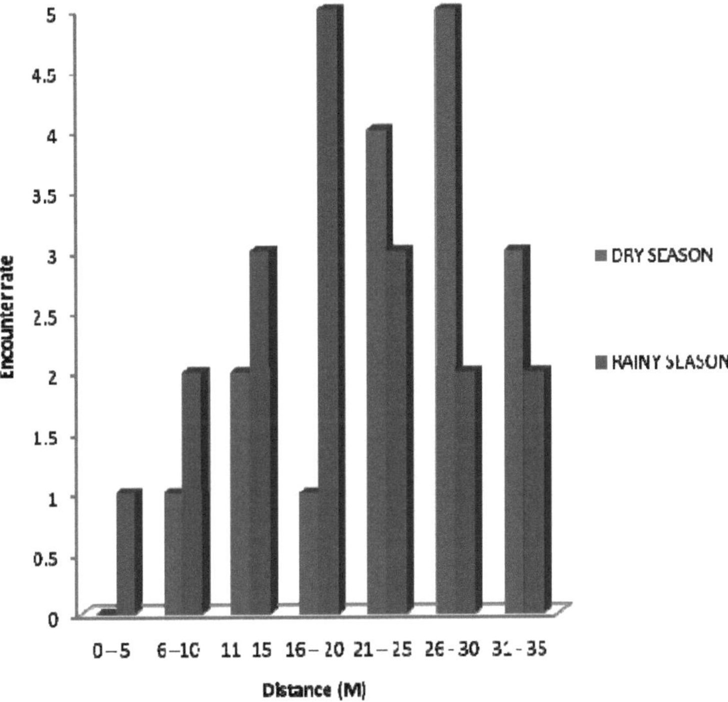

Figura 14: Estimaciones de la distancia entre el observador y el animal en el momento del primer avistamiento

4.1.1.5   Diferencias entre el censo en la estación seca y en la lluviosa

El resultado mostrado en la Tabla 4.7 indica la diferencia entre los diversos parámetros medidos durante el censo de guenón de Sclater en el área de estudio. El resultado muestra que hubo diferencia entre todos los parámetros medidos durante la estación seca y la lluviosa. Se observó un total de 62 adultos de guenón de Sclater en la estación seca, que fue inferior a la observación de 65 adultos en la estación lluviosa, con una media de 63,5 adultos/estación y 4,23 adultos/transecto. La población juvenil encontrada en la zona fue de 19 y 21 en la estación seca y lluviosa respectivamente. La media de juveniles encontrados fue de 20 por temporada y 1,33 por transecto estudiado.

Además, el recuento individual de *Cercopithecus sclateri* en la estación seca fue inferior al de la estación lluviosa, que fue de 86 individuos. La media del recuento individual por estación fue de 83,5, con una media

49

de encuentros individuales por transecto de 5,56 individuos. El recuento de grupos de *Cercopithecus sclateri* fue de 16 en la estación seca y de 18 en la lluviosa. En ambas estaciones el recuento medio fue de 17 grupos y de 1,13 grupos/transecto en el área de estudio. En 10 de los 15 lugares estudiados en la estación seca se produjo un encuentro, mientras que en 12 lugares se produjo un encuentro en la estación lluviosa. La tasa estacional de encuentros fue de una media de 11 encuentros/sitio y de 0,73 encuentros/transecto estudiado. Se necesitó un total de 415m de distancia perpendicular en la estación seca para realizar un total de 81 conteos individuales y 16 conteos de grupo en el área de estudio y un total de 275m de distancia perpendicular en la estación lluviosa para realizar un total de 86 conteos individuales y 18 conteos de grupo en el área de estudio. La distancia perpendicular media estacional fue de 345 m para un total de 83,5 individuos y 17 grupos, mientras que la distancia perpendicular media por transecto estudiado fue de 23 m para un total de 5,56 individuos y 1,13 grupos en el bosque comunitario de Ikot Uso Akpan.

Sin embargo, un análisis de las diferencias entre todos los paramentros medidos en las dos estaciones (Tabla 4.8) resultó no ser significativamente diferente (p > 0.05; p > 0.10) excepto para las diferencias en las distancias perpendiculares entre la estación seca y lluviosa que se observó que era significativamente diferente (p < 0.05; p < 0.10)

Cuadro 8: Diferencias entre el censo en la estación seca y en la lluviosa

Variables	Adultos	Juvenil	Recuento individual	Recuento de grupos	Página web	Distancia (m)
Temporada						
Seco	62	19	81	16	10	415
Lluvioso	65	21	86	18	12	275
Total	**127**	**40**	**167**	**34**	**22**	**690**
Media/temporada	**63.5**	**20**	**83.5**	**17**	**11**	**345**
Media/Transecto	**4.23**	**1.33**	**5.56**	**1.13**	**0.73**	**23**

Cuadro 9: Prueba de significación entre la estación seca y la lluviosa

VARIABLES	T- Cal	T - Tab (P = 0,05)	T - Tab (P = 0,10)	Nivel de significación
Adultos	0.54	2.01	1.68	Ns
Juvenil	0.83	2.04	1.70	Ns
Recuento individual	0.61	1.98	1.66	Ns
Recuento de grupos	0	2.04	1.70	Ns
Página web	0.77	2.09	1.72	Ns
Distancia	41	1.96 **	1.64*	significativo

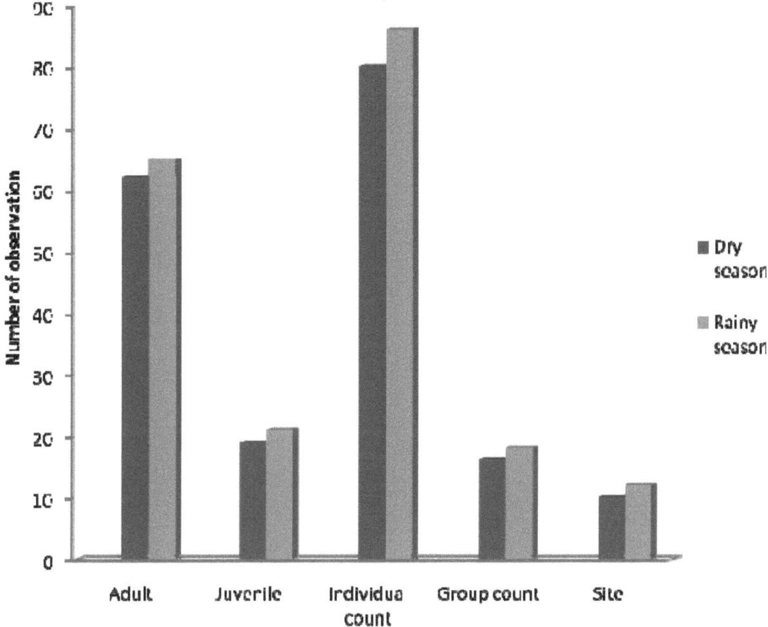

Figura 14: Diferencias en los parámetros del censo a lo largo de las estaciones

4.1.1.6   Densidad, abundancia y biomasa del guenón de Sclater

Con el objetivo de estimar la densidad, abundancia y biomasa de la población de guenón de Sclater en la zona de estudio, se utilizó en el análisis un conjunto de datos que contenía todos los registros del estudio realizado entre 2002 y 2008 en la zona de estudio. La tabla 4.9 enumera todos los parámetros en los que se basa el análisis y los respectivos valores obtenidos en cada año de estudio. Una nota importante con respecto a los resultados obtenidos para los años anteriores es el método de censo que se aplicó para estimar la población de guenón de Sclater en el área de estudio. Los diseños de las encuestas de todos los años anteriores fueron ligeramente diferentes del utilizado en este estudio. En todos ellos se utilizó el método de encuesta por puntos, mientras que en este estudio se empleó el método de transecto lineal. Como consecuencia de este método de estudio, los datos de población obtenidos en 2012 mostraron un aumento de la densidad de conglomerados/grupos en comparación con los datos obtenidos por Egwali *et al.* (2005). Sin embargo, la población individual (82 individuos/km²)), la densidad de población total (57,40 individuos/km²), la densidad de biomasa (266,5 kg/km²)y la biomasa de población total (190,35kg/km2) del guenón de Sclater obtenidas para el presente estudio fueron inferiores a las de Egwali *et al.* (2005) y Okon (2004). Estos valores obtenidos para el presente estudio fueron superiores a los obtenidos por Essien (2008), Udoedu (2004) e Ibong (2002).

Tabla 10: Densidad, abundancia y biomasa del guenón de Sclater

Parámetros	Encuesta sobre el terreno (2012)	Essien (2008)	Egwali et al. (2005)	Okon (2004)	Udoedu (2004)	Ibong (2002)
Método de encuesta	Transecto lineal	Encuesta por puntos	Encuesta por puntos	Encuesta por puntos	Encuesta por puntos	Encuesta por puntos
Tasa media de encuentro(n/L)	1.18	-	-	-	-	-
Densidad de conglomerados/grupos (km⁻¹)	16.86+0.99	-	14.29+2.86	-	-	-
Densidad individual (km⁻¹)	82+2.64	53.26	85+3.57	82.06	70.32	80
Densidad de población (D)	57.40+1.85	38	59.5+2.5	58	50	56
Peso medio (kg)	3.25	3.25	3.25	3.25	3.25	3. 25
Densidad de biomasa (kg/km²)	266.5+8.58	173.10	276.25+11.6	266.70	228.54	260
Biomasa de la población (kg)	190.35+9.81	269.75	193.38+8.13	188.50	162.50	182

4.1.1.7 Estructura de la población del guenón de Sclater

El resultado de la Figura 4.11 muestra la estructura de la población de guenón de Sclater en el bosque comunitario de Ikot Uso Akpan obtenida durante un periodo de diez años. Los datos del censo obtenidos por el trío de Essien (2008), Okon (2004) y Udoedu (2004) no se utilizaron para el análisis de la estructura de la población de guenón de Sclater, además de los datos del censo de Ibong (2002), Egwali *et al.* (2005) y los presentes datos de campo en la zona de estudio, ya que se trataba de una suma de toda la estructura de la población, por lo que no se pudieron utilizar. Como se indica en el resultado (Figura 4.11), la población adulta fue mayor que la juvenil durante el periodo de diez años (2002 - 2012). Entre y el periodo de diez años, el resultado mostró que la población adulta de la especie de mono en 2005 disminuyó un 6,9% con respecto a los datos del censo de 2002 y aumentó un 14,8% en los datos del censo de 2012. Se observó que el resultado del análisis de la variación de la población adulta entre los datos de los tres censos a lo largo del periodo de diez años no era significativamente diferente entre sí según el valor de Chi cuadrado calculado de 0,205, que era inferior al valor crítico de Chi cuadrado de 3,841 en el nivel de significación $X^2 = 0,05$ y de 2,706 en el nivel de significación $X^2 = 0,10$ con 1 grado de libertad.

Sin embargo, durante el periodo estudiado, la población de juveniles de guenón de Sclater aumentó un 27,27% en 2005 con respecto a los datos del censo de 2002 y disminuyó un 35,48% en los datos del censo de 2012. La variación de la población de juveniles de guenón de Sclater a lo largo del periodo de diez años tampoco fue significativamente diferente entre sí, con un valor de Chi-cuadrado calculado de 2,88, inferior al valor crítico de Chi-cuadrado de 3,841 en $X^2 = 0,05$, pero fue significativamente diferente entre sí con un valor crítico de Chi-cuadrado de 2,706 en el nivel de significación $X^2 = 0,10$ con 1 grado de libertad.

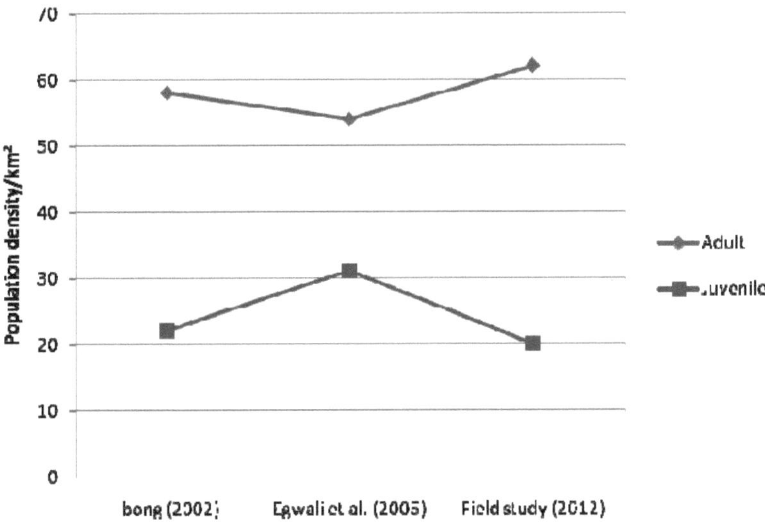

Figura 15: Estructura de la población de guenón de Sclater en el bosque comunitario de Ikot Uso Akpan

4.1.2 Evaluación de la vegetación

En el transcurso de este inventario, se registró un total de 72 árboles individuales dentro de las dos parcelas de muestreo. Pertenecen a 24 especies diferentes y 20 familias. Anacardiaceae y Moraceae tenían el mayor número de árboles presentes (10 árboles) mientras que Bignoniaceae, Lauraceae, Palmae y Burseraceae tenían 1 especie de árbol presente respectivamente. Todas las familias y especies arbóreas se enumeran en la Tabla 11 y también la lista de árboles en *el Apéndice 5* donde se enumeran todas las especies arbóreas) y todos los datos de las dos parcelas de muestreo se procesaron posteriormente para permitir una visualización de la masa forestal en forma de perfil forestal (sección transversal y vista superior). Los resultados de este ejercicio, basado en el programa *TreeDraw©* (K. *STAUPENDAHL/ARG^5 Forsttechnik)* se muestran en las figuras 20, 21, 26 y 27. Además, los *apéndices 3* y *4* muestran una vista alternativa.

Cuadro 11: Lista de familias de árboles en las parcelas de muestreo

S/N	Familia de árboles	Número de árboles presentes
1.	Apocynaceae	3
2.	Cecropiaceae	3
3.	Fabaceae	3
4.	Euphorbiaceae	2
5.	Flacourtiaceae	5
6.	Bignoniaceae	1
7.	Anacardiaceae	10
8.	Leguminoceae	6
9.	Moraceae	10
10.	Lauraceae	1
11.	Dracaenaceae	3
12.	Annonaceae	3
13.	Miristicáceas	5
14.	Palmae	1
15.	Burseraceae	1
16.	Malvaceae	4
17.	Rubiaceae	2
18.	Carabidae	5
19.	Amarantáceas	2
20.	Sapotaceae	2

En la parcela de muestreo del fragmento de bosque de Okuku se enumeraron un total de 23 árboles pertenecientes a 10 familias y 10 especies. El árbol más pequeño de la parcela de muestreo con un diámetro a la altura del pecho (dbh) superior a 10 cm era de 6,8 m, mientras que el árbol más grande alcanzaba una altura de 27,8 m, con una altura media de 11,8 m y una desviación estándar de 6,1 (Figura 17). El árbol enumerado en la parcela de muestreo de Okuku tenía un dbh mínimo de 10,2cm y un dbh máximo de 108,6cm con un dbh medio de 33,8cm y una desviación estándar de 31,9 (Figura 18). Por lo tanto, el área basal total de los árboles de más de 10 cm en la parcela de muestreo era de 265,4 cm³, lo que equivale a 4623,6 por acre. Se observó que 19 de los árboles de la muestra pertenecían a la clase de altura de 5 - 15m mientras que 2 de cada una de las 4 especies de árboles restantes pertenecían a la clase de altura de 16 - 25m y 26 - 35m respectivamente. Sin embargo, se observó que *Anillopsis soyauxii* era el árbol más dominante en la población de muestra con la mayor frecuencia de 5 árboles individuales, seguido de *Berlinia grandiflora* con una frecuencia de 4 árboles individuales mientras que *Autrenella congolensis*, *Ballionoiia toxisperma* y *Xylopia aethiopica* tenían la menor frecuencia de 1 árbol individual cada una (Figura 18).

En Ikwat 1, la parcela de muestreo contenía un total de 49 árboles pertenecientes a 18 especies y 16 familias. La altura menor del árbol con un dbh superior a 10 cm en el fragmento de Ikwat 1 era de 5,9 m con un diámetro de 12,1 cm y el árbol más alto tenía 24,9 m con un dbh de 56,8 cm (Figura 23). La altura media y el dbh de los árboles enumerados en el fragmento Ikwat 1 fueron de 25,5 cm y 12,0 m con una desviación estándar de 10,3 cm y 4,3 m respectivamente (Figura 24). El área basal total de los árboles muestreados en la parcela era de 242,5 (3523,4/acre) y el número de árboles en la parcela de muestreo equivalía a 853 árboles/acre. Además, la especie arbórea dominante en la parcela de muestreo fue *Ficus thoningii*, con una frecuencia de 10 árboles individuales, seguida de *Spondias mombin*, con una frecuencia de 8 árboles individuales, mientras que las 16 especies arbóreas restantes tenían una frecuencia que oscilaba entre 5 y 1 árboles individuales cada una (Figura 25).

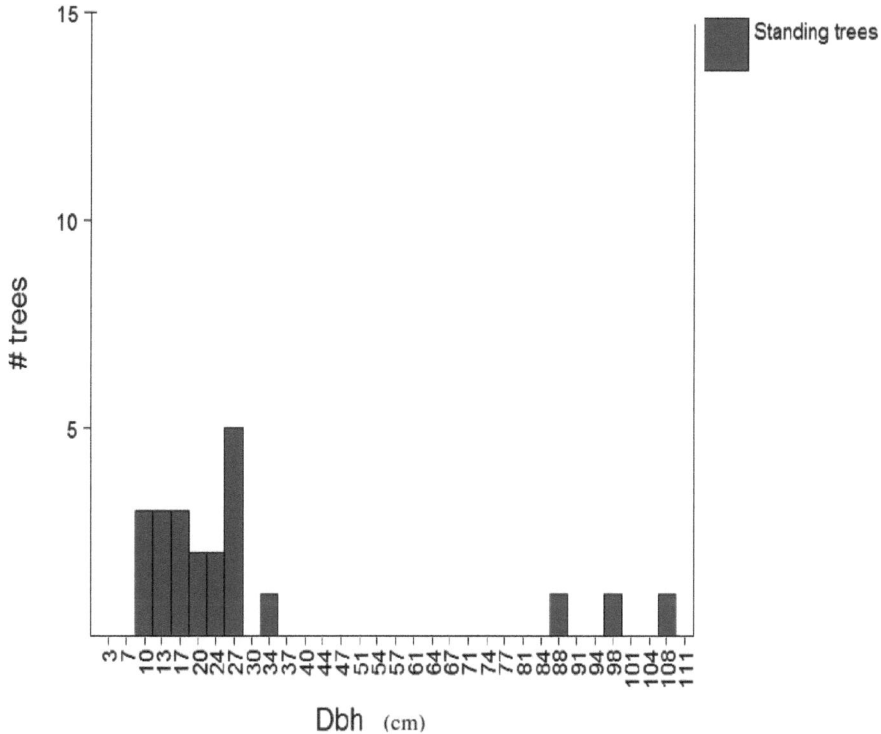

Figura 16: Distribución por clases diamétricas de los árboles del fragmento de Okuku

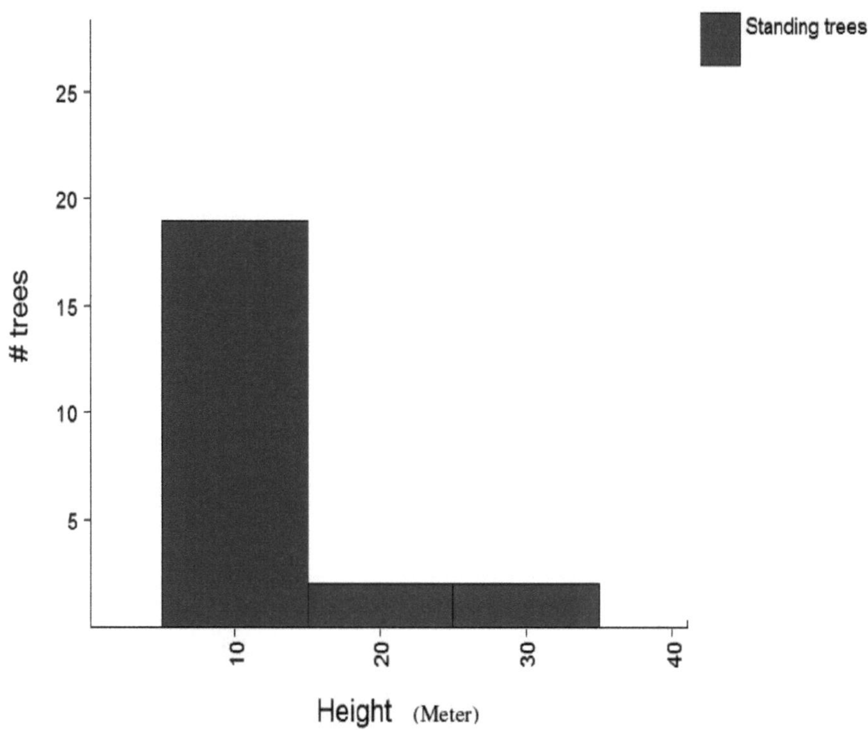

Figura 17: Distribución de la altura de los árboles en el fragmento de Okuku

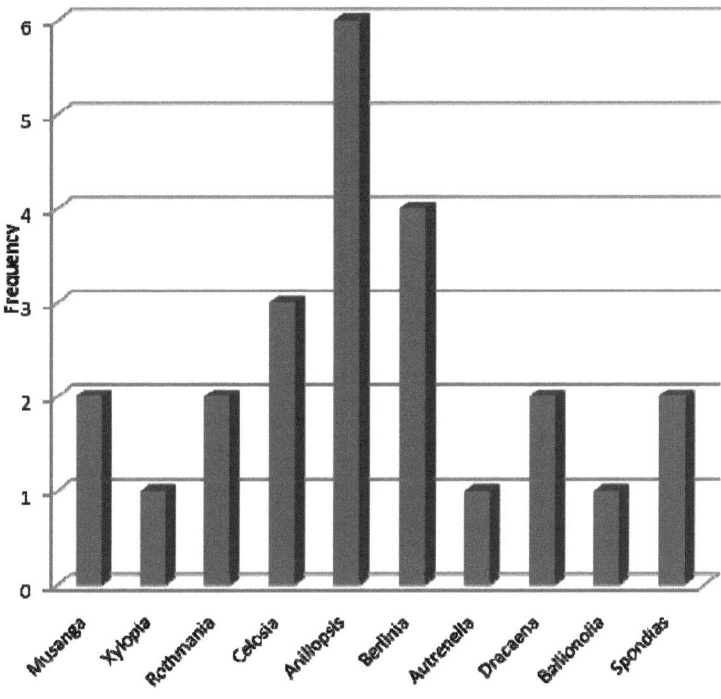

Figura 18: Distribución de especies de árboles en el fragmento de Okuku

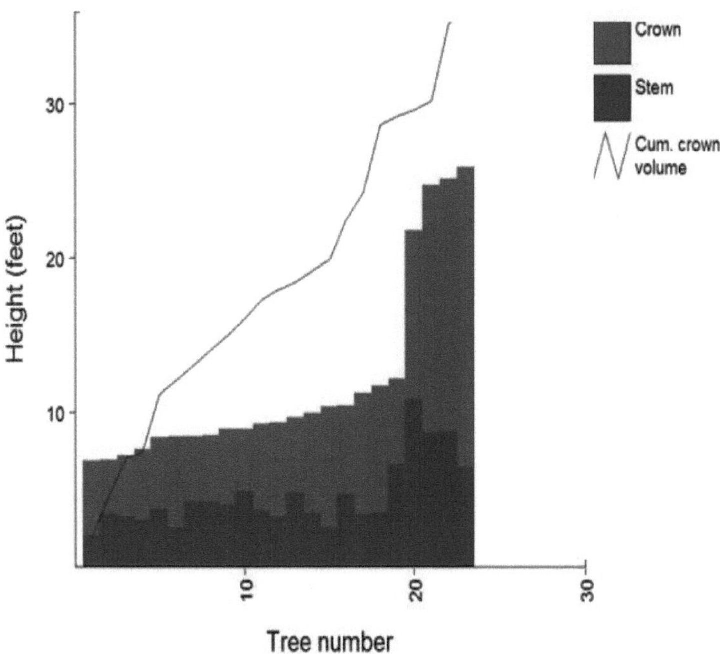

Figura 19: Distribución de la altura y el tamaño de las copas de los árboles del fragmento de Okuku

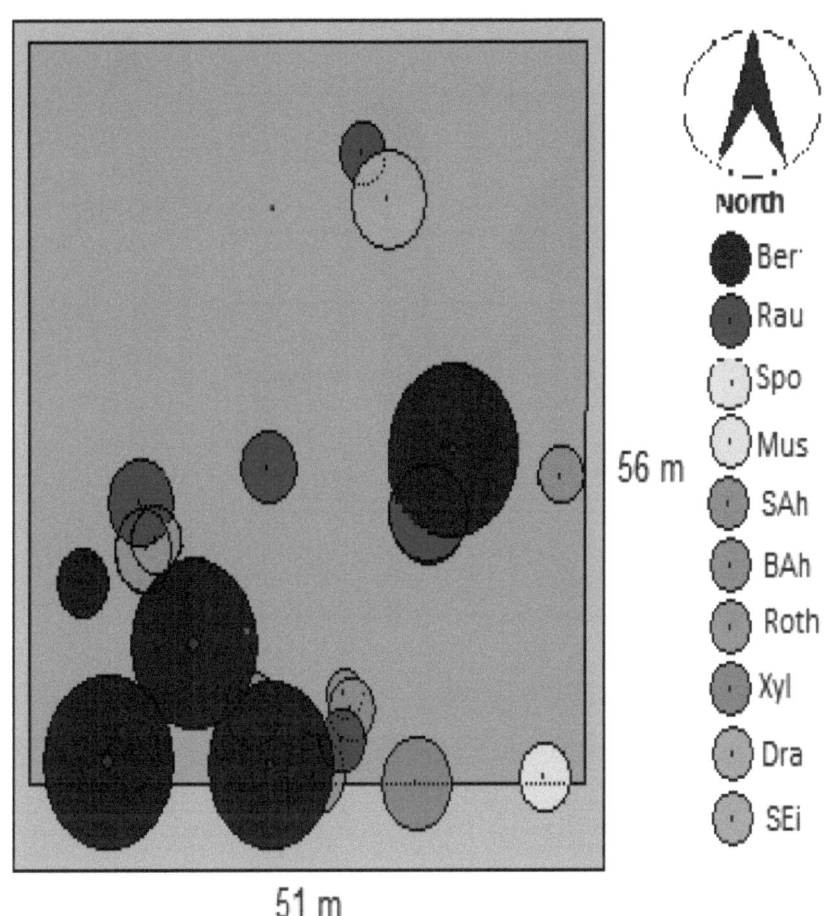

Figura 20: Vista aérea de la estructura forestal del fragmento de Okuku

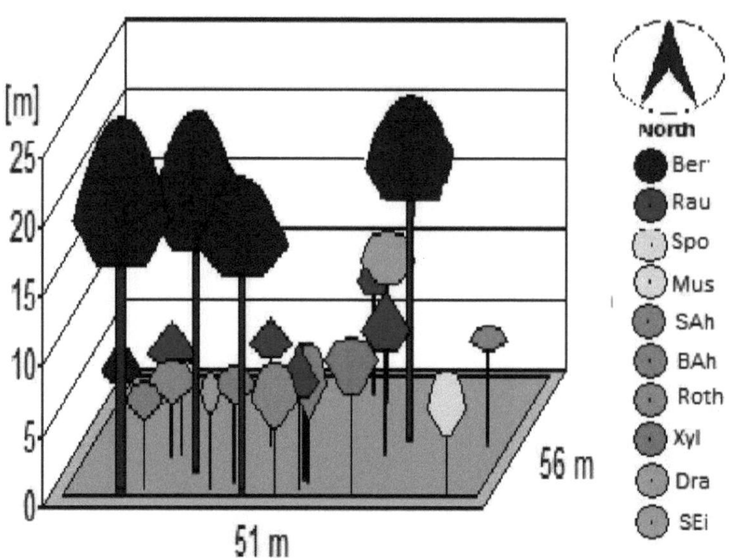

Figura 21: Vista bidimensional de la estructura forestal del fragmento de Okuku

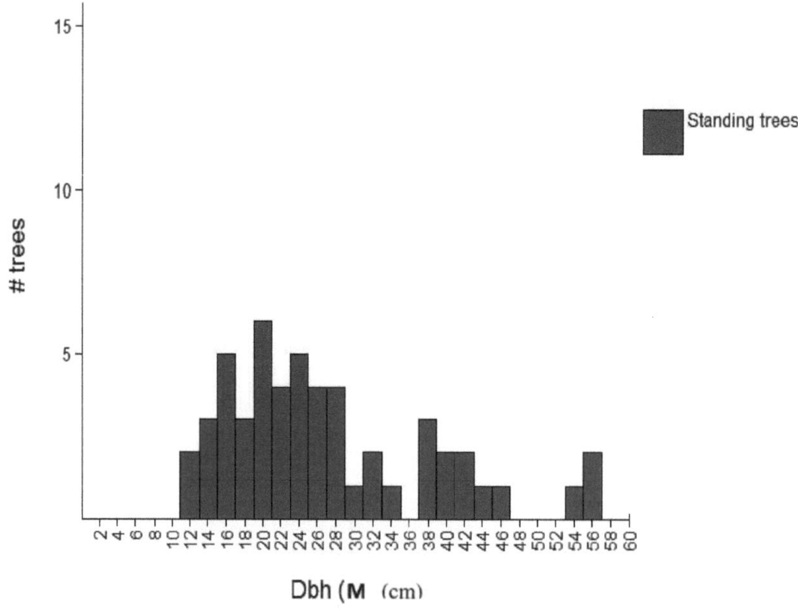

Figura 22: Distribución por clases diamétricas de los árboles del fragmento Ikwat 1

60

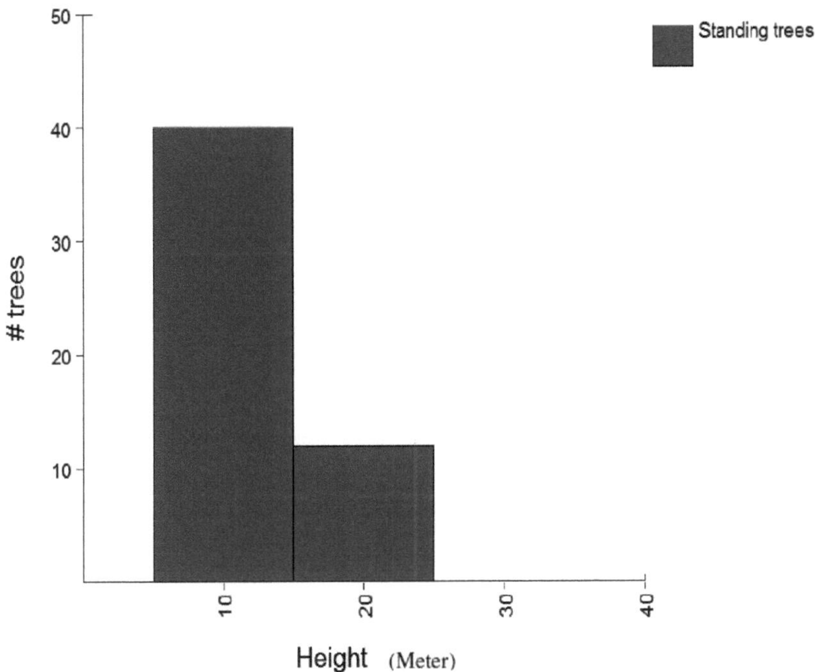

Figura 23: Distribución por clases de altura de los árboles del fragmento Ikwat 1

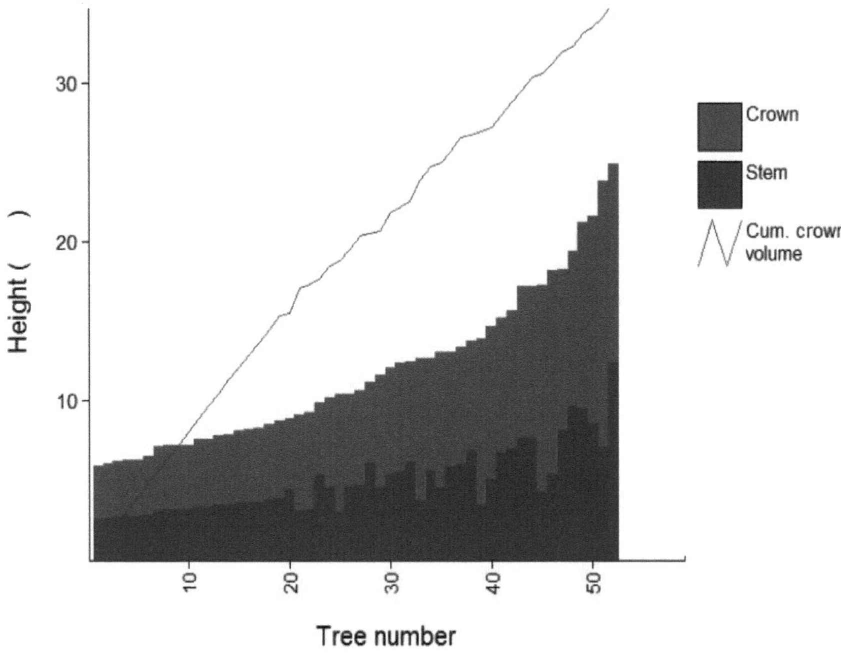

Figura 24: Distribución de la altura y el tamaño de las copas de los árboles del fragmento Ikwat 1

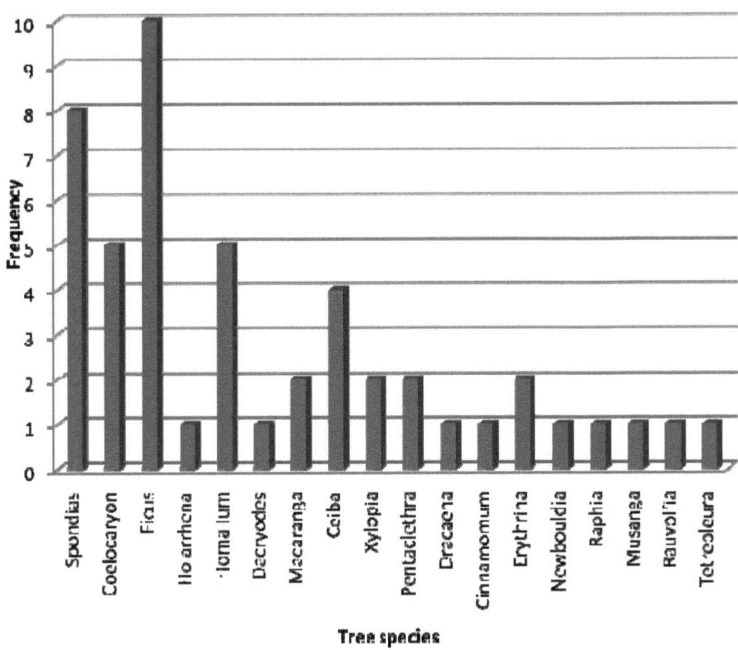

Figura 25: Distribución de especies de árboles en el fragmento Ikwat 1

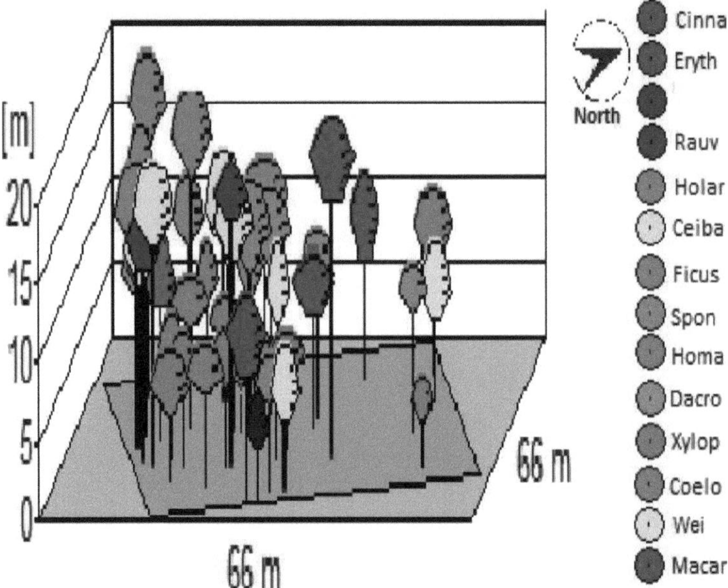

Figura 26: Vista bidimensional de la estructura forestal en el fragmento Ikwat 1

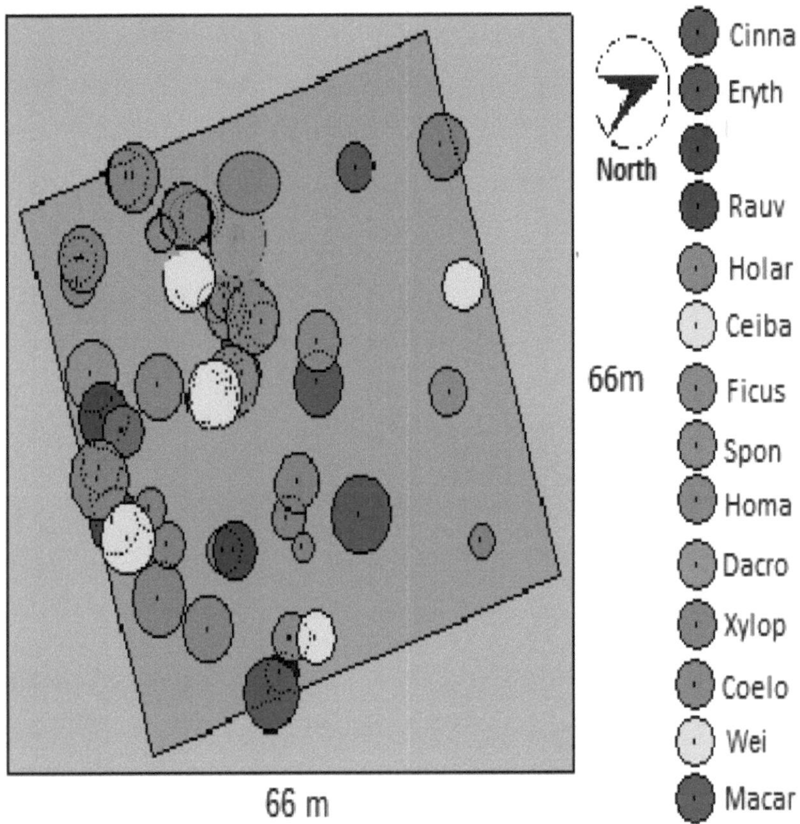

Figura 27: Vista aérea de la estructura forestal del fragmento Ikwat 1

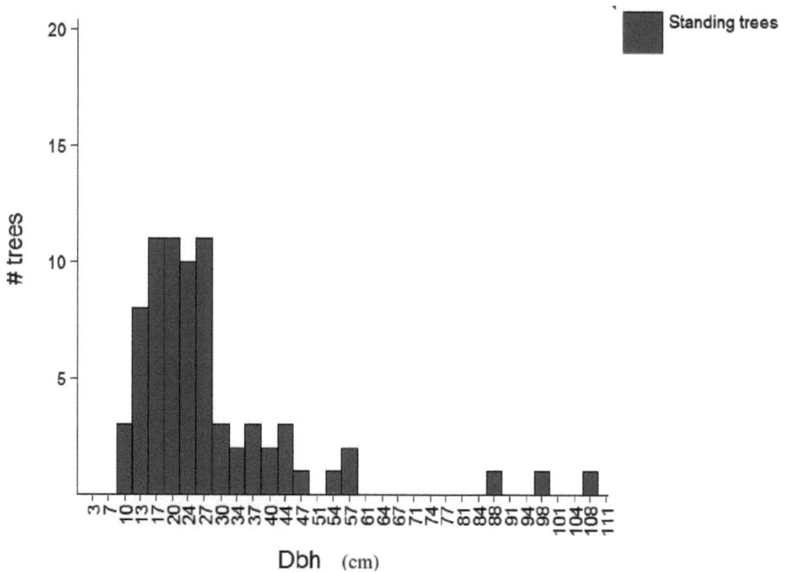

Figura 28: Distribución por clases diamétricas de los árboles en los fragmentos de Ikwat 1 y Okuku

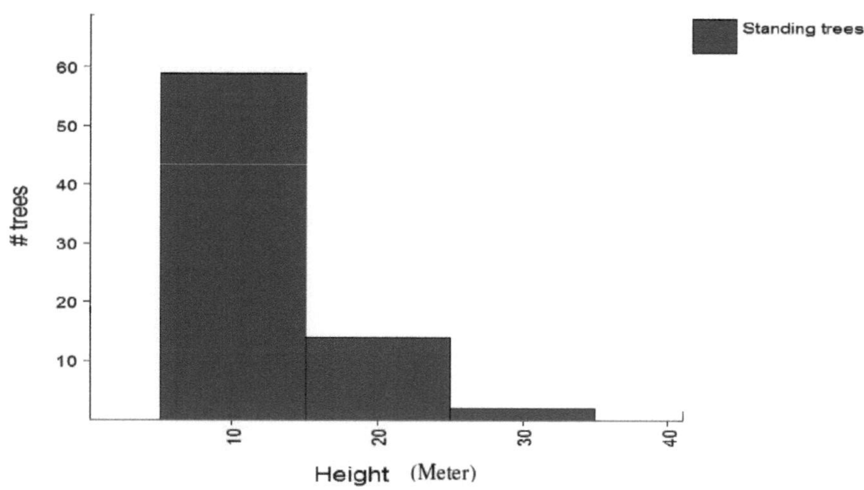

Figura 29: Distribución por clases de altura de los árboles en los fragmentos de Ikwat 1 y Okuku

4.2 Discusión de los resultados

4.2.1 Guenón de Sclater

4.2.1.1 Variación estacional de los datos censales

Durante el estudio se registraron más datos de censo en la estación lluviosa que en la seca. Estas diferencias en los datos del censo, aunque no fueron significativamente diferentes (p < 0,05 y p < 0,10), excepto en el caso de la Distancia, que fue significativamente (p > 0,05 y p > 0,10) en ambos valores críticos de una prueba T de dos colas, pueden atribuirse a las diferencias estacionales en el patrón de actividad de la guenona de Sclater, que afectaron a la probabilidad de detección de la guenona de Sclater.

Los modelos socioecológicos de primates indican que el tiempo de descanso del guenón de Sclater y otros primates tropicales depende de la estacionalidad, el porcentaje de hojas en la dieta y la temperatura media anual (Korstjens, Verhoeck y Dunbar, 2006; Korstjens, Lehman y Dunbar 2010). Las pruebas indican que a medida que aumenta el porcentaje de hojas en la dieta y la temperatura media, también aumenta el tiempo de descanso (Dunbar, 1992; Korstjens, Verhoeck y Dunbar, 2010). En concordancia con esta hipótesis, se observó que el tiempo de reposo del guenón de Sclater era mayor durante la estación seca, cuando el consumo de hojas era menor y la temperatura ambiente alcanzaba valores máximos, por lo que la detección era baja, que en la estación lluviosa.

En general, independientemente del tipo de hábitat, el tiempo dedicado a la alimentación por algunas especies de primates suele ser mayor durante la estación lluviosa que durante la seca. Las pruebas sugieren que los aumentos estacionales de la temperatura ambiente, como los que se producen durante la estación seca, pueden estimular a los primates a reducir las actividades que generan calor, como la alimentación, para evitar la sobrecarga térmica y sus costes energéticos asociados (Dunbar, 1992; Korstjens, Verhoeck y Dunbar, 2010). Esta explicación es coherente con estudios sobre monos araña (Chapman y Peres, 2001; Korstjens, Verhoeck y Dunbar, 2006). Éstos interpretan una mayor alimentación en la estación lluviosa como una estrategia de algunos monos tropicales para aprovechar el pico estacional de alimentos, lo que les permite ingerir un excedente de energía y almacenarlo en forma de grasa para prepararse para el inminente período de escasez de alimentos. La observación de este estudio apoya parcialmente esta posibilidad porque se observó que, como resultado de que el guenón de Sclater pasara más tiempo alimentándose de frutas y otros elementos vegetales, la detección era mayor en la estación lluviosa que en la seca, lo que por tanto se correspondía en datos poblacionales más altos en la estación lluviosa que en la seca. Sin embargo, para determinar la influencia relativa de cada uno de estos factores, se necesitan más estudios que evalúen las estrategias energéticas del guenón de Sclater .

A pesar de algunas limitaciones en mi estudio, por ejemplo, no se llevó a cabo la disponibilidad espacial o temporal directa de alimentos y el ambiente dentro de la zona de estudio, se espera que los datos proporcionados sirvan de estímulo para futuros estudios. Aunque estos hallazgos pueden sugerir que el guenón de Sclater en el bosque comunitario de Ikot Uso Akpan como resultado de su ajuste en los patrones de actividad y la dieta para hacer frente a la escasez de alimentos en los fragmentos de bosque durante la estación seca afecta a su detección para la recogida de datos del censo, sin embargo, no está claro si esta flexibilidad de comportamiento es lo suficientemente grande como para garantizar su salud y persistencia en el tiempo. Más estudios de comportamiento a largo plazo nos ayudarán a mejorar nuestra comprensión de las respuestas conductuales de los primates al estrés ambiental impuesto por la fragmentación y la estacionalidad.

4.2.1.2 Factores que afectan a la estructura de la población de guenón de Sclater

Los resultados del bosque comunitario de Ikot Uso Akpan apoyan la hipótesis de que el éxito reproductivo de las hembras depende de la calidad del hábitat y del tamaño del grupo, lo que implica que el aumento de la competencia en grupos más grandes se ve compensado por la cantidad de alimento disponible en el hábitat. Sin embargo, otros estudios sobre primates principalmente folívoros no han mostrado ningún efecto del tamaño del grupo en el éxito reproductivo de los gorilas (Stokes, Parnell y Olejniezak, 2003; Robbins, Robbins, Gerald-Steklis y Steklis, 2007) y los langures de Thomas (Steenbeek y van Schaik, 2001), aunque estos resultados no son universales (Borries, Larney, Lu, Ossi y Koenig, 2008; Snaith y Chapman, 2008). La calidad del hábitat de Ikot Uso Akpan tuvo una gran influencia en las tasas de natalidad, mortalidad, inmigración y emigración de la población que vivía allí (Figura 4.11).

4.2.2 Evaluación de la vegetación

4.2.2.1 Estructura de la vegetación

Se pueden hacer algunas afirmaciones con respecto a la estructura del bosque en las dos parcelas de inventario muestreadas. Mientras que el árbol más pequeño de las dos parcelas de muestreo tenía una altura de 5,9 m, el árbol más grande había alcanzado los 27,8 m. La altura media de los árboles es de sólo 11,8 m, lo que indica una prevalencia de árboles relativamente pequeños dentro de la zona de estudio. La figura 28 lo corrobora muy bien, ya que muestra que más del 90% de todos los árboles muestreados en la zona tienen una altura comprendida entre 0 y 20 m. En comparación con otras zonas de selva tropical, como el Parque Nacional de Cross River, donde la altura media continua de las copas oscila entre 30 y 35 m (WWF 1990), los árboles del bosque comunitario de Ikot Uso Akpan son realmente muy pequeños. Si se observan sus valores de dbh se obtiene una imagen análoga: El menor dbh registrado en es de 10,2 cm y el mayor de 110,6 cm. A pesar de la presencia esporádica de árboles con grandes valores de dbh, los árboles con dbh pequeño dominan claramente la zona. La media más bien baja de 26,9 cm y el hecho de que el 90% de todos los árboles de las parcelas de muestreo tengan un dbh inferior a 44 cm subrayan claramente este hecho (Figura 26). El dbh y la altura más bien pequeños de los árboles de la zona de estudio también podrían atribuirse a la explotación insostenible de los recursos forestales de la zona de estudio. Además, la presencia de una alta densidad de árboles en el fragmento Ikwat 1 puede atribuirse a la presencia del montículo sagrado en el fragmento y a que el suelo del fragmento es pantanoso como resultado del arroyo sagrado que fluye en el fragmento y se vacía en el fragmento Afia en forma de cascada. El fragmento Okuku está ubicado en una tierra alta y es menos considerado sagrado que el fragmento Ikwat 1, por lo tanto, la invasión de granjas y las actividades de tala son más severas en el fragmento que en el fragmento Ikwat 1.

4.2.2.2   Factores que influyen en el cambio de la vegetación en la zona de estudio

La guenona de Sclater, al igual que otras poblaciones de primates, se enfrenta al reto de hacer frente a la dinámica de sus hábitats, que cambia continuamente, y debe adaptarse a los cambios para sobrevivir; la falta de adaptación puede condenar a la especie a la extinción. Dado que la mayoría de las especies de primates viven en bosques tropicales (Chapman, Lawes y Eeley, 2006a; Lovett y Marshall, 2006; Mittermeier y Cheney, 1987), la protección de los hábitats forestales debería ocupar un lugar prioritario en la agenda de conservación de los primates. Sin embargo, conservar los fragmentos de bosque de la comunidad de Ikot Uso Akpan no es tarea fácil por varias razones. En primer lugar, los hábitats forestales están en su mayoría fragmentados y dispersos en muchas zonas diferentes. Por ello, las Organizaciones No Gubernamentales, que son actores clave en la conservación, tienen que trabajar con las comunidades de las zonas de apoyo, cada una con sus propias prioridades y problemas, para garantizar la conservación de esta especie endémica de primate.

En segundo lugar, los fragmentos de bosque están situados en comunidades económicamente pobres. En tercer lugar, la tasa de crecimiento de la población en la zona, Estado, sobre todo en la región del delta del Níger, es alta y la mayoría de la gente depende directamente de recursos naturales como la tierra para sobrevivir; por lo tanto, la necesidad de talar bosques para crear terrenos para la agricultura es elevada (Baker, 2005). Esto no augura nada bueno para la protección de los bosques (Chapman, Lawes y Eeley, 2006a). Sin embargo, no todos los cambios en el hábitat de la zona de estudio se deben a actividades humanas. Por lo tanto, se puede dividir a grandes rasgos el cambio de hábitat en natural e inducido por el hombre. Los cambios naturales del hábitat incluyen cambios tan pequeños como el derribo por el viento de un árbol importante para la alimentación; la muerte de los árboles debido a la senescencia de las cohortes; y los cambios en la vegetación causados por corrimientos de tierras, huracanes y mortalidad de árboles debida a la sequía. Todos estos cambios afectan negativamente a las poblaciones de primates. Sin embargo, se ha informado de que algunos cambios naturales del hábitat, como la colonización de bosques, aumentan las poblaciones de algunas especies de primates (Isabirya y Lwanga, 2008). La segunda categoría, los cambios de hábitat inducidos por el hombre en la zona de estudio, incluye factores como la degradación de los bosques (principalmente a través de la tala mecánica), la fragmentación de los bosques, la introducción de especies exóticas y la deforestación.

4.2.2.3   Impacto del cambio de vegetación en la población de guenón de Sclater

Los principales cambios del hábitat forestal inducidos por el hombre en el bosque comunitario de Ikot Uso Akpan incluyen la tala mecanizada, la fragmentación del bosque, la introducción de especies de plantas exóticas y la deforestación. Los investigadores han realizado muchos estudios para examinar las respuestas de las especies de primates a la tala en los bosques tropicales (Johns y Skorupa, 1987; Chapman y Lambert, 2000; 2003; Mitani, Struhsaker y Lwanga, 2000; Plumptre, 1996; Plumptre y Reynolds, 1994; Struhsaker, 1997). Sin embargo, muchos de estos estudios arrojan resultados contradictorios como consecuencia de las diferencias en los gremios alimentarios de los primates en cuestión, los métodos de campo utilizados, las composiciones y densidades específicas de los primates, la intensidad de la tala y los daños incidentales a los árboles forestales, los tipos de vegetación adyacentes a las zonas taladas, la edad del bosque, la composición y densidad específicas de los árboles antes de la tala y la variación natural en los tipos de hábitat dentro del bosque y en las densidades de los grandes herbívoros terrestres. Estos factores influyen en los resultados de los estudios que intentan controlar las respuestas de los primates a la tala y explican por qué las conclusiones de varios estudios han sido diferentes incluso cuando se consideran las mismas especies de primates.

Idealmente, para entender cómo responden las poblaciones de guenón de Sclater a la tala es necesario realizar un estudio previo a la tala que proporcione datos de referencia con los que poder medir cualquier cambio en las poblaciones de primates tras la tala. En la práctica, esto ha sido imposible porque los madereros ilegales no están obligados a informar de sus actividades a la comunidad, los investigadores o los grupos conservacionistas. En segundo lugar, conocer bien la población de primates de una zona que se va a talar requiere varios años de observaciones, lo cual es incompatible con las incesantes actividades de tala en la zona. En consecuencia, la forma más práctica de estudiar las respuestas de las poblaciones de guenón de Sclater a los cambios de hábitat causados por la tala ilegal ha sido mediante comparaciones de las poblaciones de primates en los años anteriores a las actividades de tala. Esto puede ser bastante justo, asumiendo que antes de la tala, los bosques talados y no talados eran similares en cuanto a poblaciones de guenón de Sclater y condiciones de hábitat. Sin embargo, es posible que no siempre sea así, lo que puede explicar resultados contradictorios en las respuestas de otras poblaciones de primates a la tala.

Como se indica en el resultado de la Figura 4.11, las actividades de tala ilegal han tenido un impacto negativo en la población de guenón de Sclater. Se ha producido una disminución de la población total de la especie de primate en 2012 del 3,53% de individuos/km² con respecto a los datos del censo de población de 2005. En consecuencia, también se ha producido un aumento en el número de población adulta/km2 en un 14,82% y una disminución de la población juvenil en un 35,48%. Esta observación implica que la tala de árboles en la zona de estudio influye en la capacidad reproductiva de la especie de mono mientras la población envejece.

4.2.2.4 Respuestas del guenón de Sclater a la destrucción de su hábitat

Al evaluar las respuestas de las poblaciones de guenón de Sclater a las actividades de tala, es importante tener en cuenta los posibles efectos de los tipos de hábitat que rodean sus hábitats preferidos. El guenón de Sclater, al igual que otros primates, responde a los cambios en su hábitat circundante, lo que puede confundir las respuestas causadas por la tala, especialmente si las operaciones de tala y los movimientos de primates hacia o desde los tipos de vegetación vecinos coinciden, o si se producen cambios florísticos importantes, como la colonización forestal, en zonas adyacentes a la zona talada después de la tala (Chapman y Lambert, 2000).

Dado que también se produjeron descensos en la abundancia relativa de algunas especies de primates en el bosque no talado, es difícil atribuir el descenso de la población de guenón de Sclater a las actividades de tala en la zona. La disminución de la población de guenón de Sclater entre el fragmento de bosque también puede deberse aparentemente a la liberación ecológica porque, a medida que se crea más hábitat por la colonización del bosque, algunos grupos de monos se desplazan fuera del bosque antiguo o amplían sus áreas de distribución. Tales cambios son difíciles de detectar a partir de rutas de censo fijas. Por lo tanto, las futuras investigaciones sobre los efectos de la tala en las poblaciones de guenón de Sclater en el bosque comunitario de Ikot Uso Akpan también deberían tener en cuenta la expansión del hábitat, ya que los estudios han demostrado que esta forma de cambio de hábitat puede afectar a algunas especies de primates. En un estudio realizado en el sur de Nigeria y en la aldea de Ikot Uso Akpan, Baker (2005) y Egwali, King, Eniang y Obot, 2005) demostraron que la especie es muy flexible en cuanto a las especies y partes de plantas que explota para alimentarse. Tal vez sea esta flexibilidad en los requisitos alimentarios lo que les permite habitar hábitats colonizadores.

4.2.2.5 Influencia de la destrucción del hábitat en la dieta del guenón de Sclater

Uno de los principales impactos de la tala en las poblaciones de primates es la reducción de la disponibilidad de alimentos. Por lo tanto, en situaciones en las que la tala puede estimular o va seguida de la regeneración de especies alimenticias, el impacto de la tala debería ser mínimo. Aparentemente, las diferencias en las especies de árboles alimenticios eliminadas de los fragmentos pueden no ser las únicas que expliquen las diferencias en las poblaciones de guenón de Sclater en el área de estudio. Dado que la regeneración de varias especies de árboles alimenticios suele producirse tras la tala, estudios similares realizados en Kibale (Kasenene, 1987; Lawes y Chapman, 2006; Nummelin, 1990; Paul et al. 2004; Struhsaker, Lwanga y Kasenene, 1996; Struhsaker, 1997) sugieren claramente que los ramoneadores de las zonas taladas pueden suprimir la regeneración de las especies vegetales, afectando así a la disponibilidad de alimento para el guenón de Sclater. La supresión de la regeneración de los árboles puede explicar en parte la lenta recuperación de las poblaciones de primates en la zona. A menos que se detenga el ritmo actual de conversión del bosque, es inevitable que las poblaciones de monos vivan en fragmentos aislados más pequeños hasta su destrucción definitiva.

Las diferencias en la dieta de las distintas especies de primates pueden explicar en parte la falta de resultados coherentes de los estudios que intentan investigar las respuestas de las poblaciones de primates a la tala. Por ejemplo, es posible que la tala no afecte de la misma manera a los especialistas y a los generalistas. Del mismo modo, es más probable que el guenón de Sclater, que es una especie frugívora (Ettah, 2008; Egwali, King,

Eniang y Obot, 2005), responda de forma diferente a la tala que las especies folívoras. Las diferencias en las puntuaciones de alimentación entre los grupos de monos que habitan bosques talados y no talados se deben a diferencias en la disponibilidad de alimento, en términos de composición específica de los árboles, abundancia y fenología (Fairgrieve y Muhumuza, 2003). Los resultados de este estudio respaldan un estudio anterior (Johns, 1992) que sugiere que la tala afecta negativamente a la disponibilidad de alimento en el hábitat del guenón de Sclater. La disminución de las tasas de reproducción y de la densidad de población del guenón de Sclater durante un periodo de siete años como resultado de las actividades de tala en la zona sugiere que los primates se vieron afectados negativamente por la tala.

4.2.2.6 Influencia de la explotación de los recursos forestales en la población de guenón de Sclater

Los factores que permiten a las especies de primates persistir en fragmentos de bosque no se conocen bien, lo que dificulta el diseño de formas de conservar a los primates en hábitats fragmentados. Los factores que los investigadores creen que determinan la persistencia o la extinción en fragmentos de bosque, por ejemplo, la flexibilidad/especialización dietética, el tamaño del fragmento y la distancia entre fragmentos, no parecen explicar todas las situaciones. Incluso dentro de la misma especie, las respuestas de los primates a la fragmentación difieren (Lawes, 2002). Chapman y Peres (2001) sugirieron que la supervivencia de los primates en los fragmentos podría estar determinada por factores de la matriz que rodea al fragmento de bosque. Sin embargo, los factores siguen siendo desconocidos, pero los investigadores deben investigarlos si las poblaciones de primates fragmentadas deben conservarse como metapoblaciones.

Además de los riesgos de extinción asociados a poblaciones pequeñas como la del guenón de Sclater, las poblaciones de primates se enfrentan al peligro de la continua degradación de su hábitat. El hábitat de las especies de primates suele estar rodeado de asentamientos humanos. La mayoría de la población depende de la leña para cocinar y construir postes. Los fragmentos de bosque que ocupan las especies de primates no están exentos de la explotación de tales recursos, lo que ha tenido un efecto deletéreo en las poblaciones de primates que viven allí (Figura 4.11). Por ejemplo, estudios sobre primates que habitan fragmentos de bosque cerca del Parque Nacional de Kibale revelaron que 3 de los 16 fragmentos que ocupaban los primates en 1995 estaban explotados hasta el punto de que ya no estaban ocupados en el año 2000 (Chapman, Chapman, Vulinec, Zanne y Lawes, 2003; Chapman, Lawes, Eeley, 2066a). En otro estudio, Gillespie y Chapman (2006) descubrieron que el índice de degradación de los fragmentos de bosque y la presencia de humanos influían mucho en la prevalencia de nematodos gastrointestinales parásitos en colobos rojos, lo que sugiere que a medida que los fragmentos de bosque se hacen más pequeños y la frecuencia de contacto entre humanos y primates no humanos aumenta, la transmisión de enfermedades y patógenos será una consecuencia muy probable (Leroy, Rouquet, Formenty, Souquiere, Kilbourne y Forment, 2004; Rouquet, Forment, Boernejo, Kilbourne y Fotment, 2005; Vogel, 2003; Wolfe, Switzer, Carr, Bhullar, Shanmugan y Tamoufe, 2004; Peeters, 2004; Sharp, Shaw y Hahn, 2004). El riesgo de transmisión de enfermedades entre humanos y primates no humanos sólo es mayor en el caso de los grandes simios, porque éstos están filogenéticamente más cerca de los humanos que los demás primates. La transmisión de enfermedades puede producirse en ambas direcciones, aunque los primates no humanos corren un riesgo mayor que los humanos. Las enfermedades en los humanos pueden detectarse más rápidamente y controlarse o eliminarse, mientras que en los primates salvajes no humanos puede ser una tarea insuperable (Isabirya y Lwanga, 2008). Además, como los guenones de Slater viven en poblaciones pequeñas, en cuyo caso un solo brote puede erradicar a toda la población. Sin embargo, la literatura más reciente sugiere que deberíamos ser cautos a la hora de aceptar el escenario mencionado (Chapman, Speirs, Gillespie, Holland y Austad, 2006c)

Se cree que la contracción de los bosques es una de las consecuencias previstas del calentamiento global (Isabirya y Lwanga, 2008). Por lo tanto, si el calentamiento global se produce realmente, las amenazas de extinción para el guenón de Sclater de los bosques pueden ser elevadas. Una posible explicación de la persistencia específica o al menos del retraso de la extinción de la guenona de Sclater en la zona de estudio es la flexibilidad ecológica en el uso del hábitat, el comportamiento o la dieta (Baker, 2005; Egwali, King, Eniang y Obot, 2005). El guenón de Sclater puede sobrevivir en distintos tipos de hábitat, lo que le permite sobrevivir en hábitats degradados. Como especie arborícola que se desplaza cómodamente por el suelo, puede evitar la extinción utilizando un archipiélago de parcelas forestales como zona de campeo, siempre que las distancias entre las parcelas no sean demasiado grandes.

Además, la deforestación de los fragmentos de bosque no se traduce necesariamente en zonas desprovistas de vegetación, sino que se sustituyen por cultivos agrícolas y plantaciones de árboles (ilustración 11). Los guenones de Sclater son capaces de incluir en su dieta las especies vegetales introducidas. Por lo tanto, en realidad también obtienen parte de sus necesidades alimentarias en zonas más extensas que los parches de bosque que ocupan. Los cultivos agrícolas se seleccionan por su alto valor nutritivo y su capacidad para atraer al mono (Egwali, King, Eniang y Obot, 2005). Esta situación da lugar a conflictos entre humanos y primates, ya que los monos asaltan las tierras de cultivo de la comunidad durante la temporada de siembra.

4.2.2.7 Impacto del cambio climático en la población de guenón de Sclater

Aunque el impacto del cambio climático no se conoce con claridad, sobre todo en lo que respecta a la composición y la distribución de los bosques, existen indicios de que ya está afectando a los hábitats de los primates y, por tanto, a sus poblaciones (Chapman, Chapman, Struhsaker, Zanne, Clark y Poulsen, 2005). Los científicos han pronosticado que el calentamiento global provocará una disminución de las precipitaciones y una prolongación de las estaciones secas en algunas selvas tropicales (Borchert, 1998). El intervalo entre los fenómenos de El Niño, estrechamente relacionados con el calentamiento global, ha disminuido drásticamente (Laurence y Williamson, 2001). En los trópicos húmedos, los episodios de El Niño se asocian a altos niveles de mortalidad entre las copas de los árboles (Holmgren, Scheffer, Ezcurra, Gutiérrez y Mohrem, 2001; Laurence y Williamson, 2001). Por tanto, el cambio climático puede tener graves efectos sobre la base de recursos alimenticios del guenón de Sclater. Si los escenarios finalmente se materializan, deberíamos esperar entonces una reducción de la cubierta forestal y un aumento de la fragmentación de los bosques que sirven de hábitat al guenón de Sclater.

Además, se cree que el cambio climático agravará los efectos negativos de los cambios inducidos por el hombre en los hábitats forestales, perjudicando aún más a las especies de primates. Los fragmentos de bosque talados son más vulnerables a los incendios durante las sequías que los fragmentos de bosque intactos (Laurence y Williamson, 2001). Esto puede deberse a que la tala crea una gruesa capa de material combustible en el suelo del bosque. En general, la tala indiscriminada puede cubrir grandes superficies, lo que significa que, en caso de incendio, el calor matará a muchos guenones de Sclater. Incluso si consiguen escapar, es probable que mueran de inanición porque los árboles del bosque no son resistentes al fuego, de ahí la sequía en el suministro de alimentos disponibles. Con el aumento de las temperaturas y las sequías, se espera que la mortalidad de los árboles aumente en los bosques fragmentados (Laurence y Williamson 2001).

CAPÍTULO 5

RESUMEN, CONCLUSIÓN Y RECOMENDACIÓN

5.1 RESUMEN

La gestión sostenible y la conservación satisfactoria de los animales salvajes dependen en gran medida de una evaluación y un seguimiento adecuados de sus poblaciones. Esto es especialmente cierto en el caso de las especies que viven fuera de las zonas protegidas y que, como consecuencia de ello, suelen estar sometidas a altos niveles de interferencia humana (caza y pérdida de hábitat). La evaluación sistemática y repetida de sus comunidades puede indicar posibles cambios del tamaño de sus poblaciones a lo largo del tiempo y ayuda a comprender mejor los diversos procesos ecológicos y las influencias antropogénicas a los que están expuestas estas especies, proporcionando así datos importantes para la formulación de futuras estrategias de gestión.

El muestreo a distancia, es decir, el método de transectos lineales, es una técnica excelente, capaz de facilitar eficazmente la recopilación de parámetros poblacionales relevantes y, debido a su enfoque estandarizado, la metodología garantiza que los resultados respectivos sean comparables entre distintos estudios.

Sin embargo, teniendo en cuenta los datos obtenidos durante el estudio para la guenona de Sclater y la vegetación de la zona de estudio, como se explica en el capítulo cuatro, los resultados de este estudio se comparan muy bien con otros datos ecológicos (es decir, la detección simultánea de diferentes grupos de guenona de Sclater en la zona de estudio, el tamaño del área de distribución, la distribución del área basal de los árboles en la zona de estudio), y el autor confía en que la población respectiva y la densidad de población en las dos estaciones reflejan bastante bien la realidad local en el ecosistema de Ikot Uso Akpan. La única limitación del estudio en las dos estaciones es principalmente la menor precisión, así como los grandes coeficientes de variación de las estimaciones respectivas de la población de guenón de Sclater en las dos estaciones.

5.2 CONCLUSIÓN

Los resultados de este estudio demuestran que el bosque comunitario de Ikot Uso Akpan es, sin lugar a dudas, un hábitat muy importante para los primates. Grupos de guenones de Sclater, una especie endémica, utilizan este ecosistema, y algunos de estos grupos aparentemente tienen toda su área de distribución fuera de los límites de los fragmentos de bosque. Aunque deberán realizarse futuros estudios para verificar estos resultados, los hallazgos de la presente investigación no dejan lugar a dudas sobre la importancia del bosque comunitario de Ikot Uso Akpan como hábitat para la conservación de los primates endémicos y, en consecuencia, cualquier esfuerzo por gestionar con éxito las poblaciones de esta especie de primates debe tener en cuenta el ecosistema de los fragmentos forestales locales en sus estrategias y planes de gestión.

Por ahora, la comunidad de Ikot Uso Akpan sigue siendo el único hábitat del guenón de Sclater en el Estado de Akwa Ibom, con bolsas de fragmentos de bosque que sirven de importante refugio a la especie de primate y, en segundo lugar, la especie de primate se considera sagrada y su caza está prohibida en la comunidad. Además, lo hace, sobre todo, porque ninguno de los problemas a los que se enfrenta la fauna salvaje de Nigeria ha pasado totalmente desapercibido en la zona y ha habido personas y organizaciones que han dedicado gran parte de su tiempo a garantizar la supervivencia de la especie endémica de primate en la zona de estudio. Con el objetivo de continuar y apoyar sus esfuerzos, la siguiente sección se centra en otras medidas que deberían aplicarse para garantizar la supervivencia futura de la flora, la fauna y, especialmente, las especies de primates de la zona.

En Ikot Uso Akpan, el impacto de la tala indiscriminada y la reconversión agrícola en el ecosistema forestal -y, por tanto, en el hábitat de los primates endémicos- también ha sido grave. Aunque la zona aún está cubierta de pequeñas extensiones de especies de selva tropical más o menos intactas, desde hace algunos años se están llevando a cabo talas en la zona. Aunque se suponía que la tala de árboles debía cesar en el bosque comunitario, es lamentable que se haya reanudado hace unos años y que, en algunos fragmentos, este proceso continúe más o menos sin cesar hasta la fecha. Los gráficos 3 y 4 dejan perfectamente claro que la zona forestal se está destruyendo cada vez más en el hábitat de las especies de primates de la aldea, reclamando cada vez más del hábitat que es tan esencial para las especies de primates y todas las demás especies silvestres locales. Aunque la deforestación en Ikot Uso Akpan se debe principalmente a la extracción de madera y a la explotación de otros productos forestales no madereros, los bosques de la comunidad también se enfrentan a amenazas adicionales: la plantación de palma aceitera y de caucho también está aumentando en la zona de estudio (Lámina 11). Afortunadamente, estas plantaciones parecen haberse detenido por el momento. Aparte de esto, para los miembros de la comunidad local, el aumento de la presión para encontrar tierras adecuadas para los cultivos también ha dado lugar a la tala de los límites del bosque en busca de tierras fértiles para cultivar sus cosechas.

Además de destruir importantes hábitats de la fauna salvaje, la tala y la reconversión de tierras forestales para otros fines tienen otro impacto perjudicial sobre el bosque comunitario de Ikot Uso Akpan y la población local de primates, sobre todo al aumentar el acceso a zonas forestales remotas (por ejemplo, a través de las carreteras para la tala). La accesibilidad de zonas a las que antes era difícil llegar ha mejorado considerablemente, la presión cinegética ha aumentado. La sustitución de los arcos y flechas tradicionales por modernos rifles de aire comprimido ha empeorado aún más la situación. La caza se ha vuelto mucho más eficaz hoy en día, y dado que el sistema de tabúes consuetudinario que regulaba el tipo de animal cazado está perdiendo su significado para algunos de los lugareños, la caza de primates puede convertirse pronto en un hábito y ser más perjudicial y menos sostenible de lo que era en el pasado debido a su prohibición.

Como consecuencia de los problemas mencionados, Ikot Uso Akpan ha perdido entre el 3,53 % y el 38,55 % de su población de guenón de Sclater en los últimos 10 años y la población tiende a envejecer, teniendo en cuenta la disminución del número de juveniles en la zona de estudio. Estos valores porcentuales tienen un rango bastante amplio y, por lo tanto, es difícil estar seguro del verdadero declive. Sin embargo, incluso si el "mejor de los casos" fuera cierto y las cifras más bajas fueran las exactas, esto seguiría significando que aproximadamente una décima parte de la población de primates de la comunidad ha desaparecido en los últimos diez (10) años. Aunque esto ya sería más que alarmante, es mucho más probable que la situación real sea en realidad peor. Por lo tanto, es de suma importancia tomar las medidas adecuadas para evitar que la población de primates de Ikot Uso Akpan siga disminuyendo.

5.3 RECOMENDACIONES

Para lograr y mantener una población sostenible de guenón de Sclater en la comunidad de Ikot Uso Akpan, se sugiere abordar las siguientes cuestiones:

i. Evaluación mejorada del hábitat de Ikot Uso Akpan a partir de imágenes de satélite

Una de las variables básicas necesarias para determinar las perspectivas a largo plazo de la población de primates de Ikot Uso Akpan es la extensión de hábitat adecuado que queda en la comunidad. Este conocimiento, junto con la información sobre las tasas pasadas y actuales de deforestación, así como sobre otras amenazas, es esencial para poder evaluar correctamente el tamaño y las tendencias futuras de la población de primates endémicos. Aunque existe información general sobre la extensión aproximada de los distintos tipos de vegetación/bosques de la zona, estos datos parecen limitados y su precisión es bastante cuestionable.

La clasificación más sofisticada de la vegetación puede obtenerse mediante el uso de imágenes de satélite Landsat 7 ETM+ de 1987 a 2003. Dado que el nivel de evaluación para esta clasificación será toda la provincia que cubre el Estado de Akwa Ibom y no los fragmentos mucho más pequeños de la comunidad de Ikot Uso Akpan, la resolución espacial de las áreas relevantes puede resultar fiable para la determinación y diferenciación del hábitat de los primates en el Estado. No obstante, las imágenes del satélite Landsat 7 tienen el potencial de ser utilizadas para generar mapas de clasificación con una resolución adecuada. Por lo tanto, las ONG conservacionistas (por ejemplo, la Nigerian Conservation Foundation (NCF), el Biodiversity Preservation Center (BPC), etc.) deberían instar al Ministerio de Tierras y Geoinformática a elaborar un mapa de clasificación de la vegetación específico para el Estado de Akwa Ibom, o intentar lograr una cooperación directa que permita a estas ONG utilizar los datos de Landsat y trabajar en dicha clasificación junto con el Ministerio o por sí mismas. Si todos los intentos de lograr este tipo de cooperación resultan inútiles, debería tenerse en cuenta la opción de adquirir de forma independiente nuevas imágenes de satélite e intentar una clasificación autónoma. Sin embargo, aunque trabajar de forma independiente probablemente sería más rápido, menos complicado y permitiría obtener resultados más transparentes, también sería una opción costosa para las respectivas ONG, ya que las imágenes de satélite necesarias para este tipo de análisis son muy caras.

ii. Encuestas de población repetitivas

Tras la mencionada reevaluación del hábitat de los primates en el bosque comunitario de Ikot Uso Akpan, deberían realizarse estudios de transectos lineales en cada uno de los fragmentos de bosque de la comunidad para determinar hasta qué punto los diferentes hábitats contribuyen a la población total de primates. Actualmente, estos son los primeros datos de transectos lineales que existen (este estudio) para la zona. En el futuro, los estudios deberían ampliarse a las zonas de bosque secundario situadas fuera de la comunidad. En combinación con la información sobre la extensión de los distintos tipos de hábitat, sería posible realizar estimaciones muy fiables del tamaño de la población de primates de Itam. Además, en lugar de realizar estos estudios en un lugar concreto una sola vez, deberían repetirse periódicamente (en intervalos no superiores a 5 años), ya que ello permitiría determinar las respectivas tendencias de la población y mostrar si la situación en la zona está mejorando o deteriorándose aún más. Además, en lugar de depender de los investigadores que visitan Ikot Uso Akpan de forma irregular para realizar dichas encuestas, se debería enseñar a los miembros de la comunidad la metodología de las encuestas, lo que les permitiría realizar encuestas periódicas en cualquier lugar del fragmento de bosque y, potencialmente, en todas las demás partes de la región.

iii. Refuerzo de las infraestructuras y la aplicación de la ley en el bosque comunitario de Ikot Uso Akpan:

Debido a su tamaño, la dificultad del terreno y el tabú comunitario impuesto a las especies de primates, Ikot Uso Akpan sirve de importante refugio para las especies endémicas de primates. Aunque el Centro de Gestión de Humedales y Medio Ambiente de la Universidad de Uyo ya ha creado un Santuario Comunitario de Fauna Silvestre para el bosque comunitario, la infraestructura local y la aplicación de la ley en la zona son muy débiles y están sujetas a la decisión del Consejo de la Aldea. A pesar de que el consejo de la aldea lo prohíbe oficialmente, es evidente que la extracción de productos forestales tiene lugar en cierta medida en el bosque comunitario y, debido a la elevada tasa de desempleo y al bajo nivel de vida de la zona, así como a su escasa concienciación, la aplicación de la normativa correspondiente en el fragmento de bosque sigue siendo deficiente. El santuario de vida silvestre, que ha quedado obsoleto y redundante, necesita financiación en para reanudar su labor y mejorar su administración, así como para contratar guardas para el santuario y también es necesario desarrollar y aplicar un sistema eficaz de sanciones por infringir la normativa del santuario.

iv. Hacia una protección formal del bosque comunitario de Ikot Uso Akpan

Los resultados de los estudios independientes mencionados en el bosque comunitario de Ikot Uso Akpan sugieren que la zona alberga una población considerable de guenón de Sclater, lo que la convierte en un área muy importante para la conservación de los primates. Por desgracia, la tala y la explotación de los recursos forestales en la zona aún persisten. Aunque es triste que exista tala en la zona, es evidente que el bosque comunitario de Ikot Uso Akpan no permanecerá intacto sin un arreglo o acuerdo entre la comunidad y el Ministerio de Tierras y Recursos Naturales del estado. Sin embargo, es difícil prever hasta qué punto este acuerdo garantizará la supervivencia futura de la especie endémica de primate, y aunque el acuerdo será claramente un primer paso importante, deberían iniciarse negociaciones con el gobierno para conseguir algún tipo de estatus de protección legal para los fragmentos de bosque de la comunidad de Ikot Uso Akpan.

v. Creación de un corredor que conecte el bosque comunitario de Ikot Uso Akpan y otros fragmentos forestales de la región de Itu

Otra estrategia que contribuiría a la supervivencia de una población viable de guenón de Sclater en Ikot Uso Akpan sería el establecimiento de un corredor de fauna salvaje que conectara bolsas de otros fragmentos de bosque en el Área de Gobierno Local de Itu del Estado de Akwa Ibom. Dicho corredor de fauna salvaje proporcionaría unas condiciones seguras para la propagación de los monos que habitan las regiones, que corren el peligro de quedar cada vez más aislados a medida que continúa la tala y la conversión de hábitats en la región. Al facilitar el intercambio de primates individuales entre las regiones, el corredor también serviría para mantener la diversidad genética dentro de la población de primates. Aunque este corredor no tendría el estatus formal de zona protegida, habría que prohibir la tala y la conversión de hábitats y minimizar la influencia antropogénica. Todos los esfuerzos en favor de un corredor de este tipo deberían realizarse obteniendo el respaldo del Ministerio de Tierras y Recursos Naturales del Estado. Además, se trata de una importante medida de conservación, por lo que deberían fomentarse todos los esfuerzos para hacerla realidad.

vi. Aumentar las oportunidades de educación y desarrollo:

Como consecuencia de su impacto positivo, los principales actores del sector del desarrollo (por ejemplo, el PNUD, la UNESCO, el Banco Mundial y muchos otros) promueven la educación como parámetro clave del desarrollo humano y medioambiental sostenible (PNUD, 2004). Nigeria pertenece claramente al mundo en desarrollo, pero aunque ya se pueden encontrar escuelas en casi todas las aldeas, el nivel educativo es generalmente bajo y el importante concepto de sostenibilidad sigue siendo relativamente nuevo para la gran mayoría de los lugareños. Estas gentes siempre han vivido al día, sin planificar estratégicamente su futuro ni el uso que hacen de los recursos naturales. Aunque su sistema tradicional de tabúes apoyaba en mayor o menor medida el uso sostenible de los recursos y la protección de las especies de primates, la influencia de la religión occidental, junto con la creciente influencia de la economía monetaria, han reducido el número de personas que aún se adhieren a la creencia consuetudinaria. En consecuencia, los recursos locales están disminuyendo y los crecientes niveles de caza tienen un grave impacto en la comunidad de fauna salvaje de la comunidad. Aunque actualmente no se dispone de datos suficientes que permitan cuantificar los niveles sostenibles de caza en la zona, es evidente que una campaña educativa adecuada es esencial para garantizar la supervivencia de los primates, así como el éxito a largo plazo de la conservación del bosque comunitario de Ikot Uso Akpan. Junto con esta campaña, también debería prestarse ayuda para desarrollar modelos económicos sostenibles para que la población local asegure su sustento. Familiarizarlos con el concepto de sostenibilidad reduciría probablemente la probabilidad de que se dejen seducir por los atractivos beneficios a corto plazo para vender sus tierras, renunciando a la oportunidad de vivir en un ecosistema intacto que siga proporcionándoles los recursos que necesitan.

vii.   Crear oportunidades de ecoturismo en apoyo de la población local y la ciencia

Con la intención de alcanzar objetivos de conservación y turismo al mismo tiempo, el ecoturismo se ha hecho cada vez más popular en los últimos años, y se han creado numerosos proyectos de éxito que consiguen integrar parámetros cruciales como el éxito económico, el desarrollo social-humano y la sostenibilidad medioambiental. La comunidad de Ikot Uso Akpan tiene un enorme potencial para beneficiarse de las empresas ecoturísticas, ya que ofrece incentivos convincentes: Bosques tropicales relativamente intactos, gran biodiversidad y endemismo, zonas remotas y pueblos indígenas con una cultura fascinante. Para establecer con éxito proyectos de ecoturismo en la zona habría que encontrar lugares y socios adecuados, construir la infraestructura necesaria, ofrecer un programa atractivo (itinerario/actividades, etc.) y ocuparse de la publicidad (anuncios). Aunque los pueblos indígenas deberían ser siempre los principales beneficiarios, los proyectos respectivos tienen el potencial de generar también dinero para la investigación científica. El hábitat de los monos de la comunidad de Ikot Uso Akpan es más fácilmente accesible, por lo que constituye un marco excelente para proyectos de este tipo. Los operadores turísticos podrían, por ejemplo, incluir en sus programas visitas de uno o dos días al hábitat de la especie primate. Los turistas valorarían la oportunidad excepcional de experimentar el trabajo y la convivencia con primates del bosque, y su pago por el viaje se repartiría entre el operador turístico/la comunidad respectiva y el proyecto científico. Este planteamiento tendría la ventaja adicional de que la investigación sobre primates y las labores de conservación serían cada vez más accesibles para los profanos en la materia, lo que podría dar lugar a una mayor publicidad y apoyo.

REFERENCIAS

Aguiar, J.M. y T.E. Lacher, Jr. (2003). On the Morphological Distinctiveness *of Callithrix humilis. Primates Neotropicales* 11:11-18.

Angelici, F.M., L. Luiselli, E. Politano y G.C. Akani (1999). Bushmen and Mammalian Fauna: A Survey of the Mammals traded in Bushmeat Markets of Local People in the Rainforest Southeastern Nigeria. *Anthropozoologica* 30: 51-58.

Archad, F., H.D. Eva, H.J. Stibig, P. Mayaux, J. Gallego, T. Richards y J.P. Mailingreau (2002). Determinación de las tasas de deforestación del bosque tropical húmedo del mundo. *Science* 297: 999-1002

Baker, L.R. (2005). Distribución y estado de conservación del guenón de Sclater (Cercopithecus sclateri) en el sur de Nigeria. Informe para Margot Marsh Biodiversity Foundation, Rufford Small Grants, Lincoln Park Zoo Department of Conservation and Science, American Society of Primatologists, Sigma Xi, National Science Foundation y Stanford Bay Area Charities. 23pp.

Baker, L.R. (2006). El guenón nigeriano en el sur de Nigeria: ¿Perspectivas buenas o simplemente aguantando? Informe inédito para CENSHARE, Minneapolis, MN. 21pp.

Baker, L.R. y S.O. Olubode (2008). Correlates with the Distribution and Abundance of Endangered Sclater's Monkeys *(Cercopithecus sclateri)* in Southern Nigeria. *African Journal of Ecology* 46(3): 365-373

Barry, S.C. y A.H. Welsh (2001). Metodología del muestreo a distancia. *Revista de la Real Sociedad de Estadística.* B 63 (1): 31-35.

Bennett, E.L. (2000). ¿Existe un vínculo entre la carne de animales salvajes y la seguridad alimentaria? *Conservation Biology* 16: 590-592.

Boinski, S., A. Treves y C.A. Chapman (2000). Evaluación crítica de la influencia de los depredadores en los primates: Effects on Group Travel. En: Boinski, S. y P.A. Garber (eds.) *On the Move: How and Why Animals Travel in Groups.* University of Chicago Press, Chicago, 43-72.

Borries, C., Larney, E., Lu, A., Ossi, K. y Koenig, A. (2008). Costs of Group Size: Lower Developmental and Reproductive Rates in Larger Groups of Leaf Monkeys. *Behav Ecol19*:1186-1191

Bourliere, F. (1979). Parámetros significativos de la calidad ambiental para primates no humanos. En: Bernstein IS, Smith EO (eds) *Primate Ecology and Human Origins: Ecological Influences on Social Organization.* Nueva York, Garland Press, pp 23-46

Borchert, L. (1998). Respuestas de los árboles tropicales a la estacionalidad de las precipitaciones y a los cambios a largo plazo. *Cambio climático,* 39: 381-393.

Brockelman, W.Y. y R. Ali (1987). Methods of Surveying and Sampling Forest Primate Populations. En: Marsh, C.W. y Mittermeier, R.A. (eds). *Primate Conservation in the Tropical Rainforest,* Alan R. Liss, Nueva York, 23-62.

Buckland, S.T. (1985). Perpendicular Distance Models for Line Transect Sampling. *Biometrics* 41: 177-195.

Buckland, S.T., D.R. Anderson, K.P. Burnham y J.L. Laake (1993). *Muestreo a distancia: Estimating Abundance of Biological Populations.* Chapman and Hall, Londres. 134pp.

Buckland, S.T., D.R. Anderson, K.P. Burnham, J.L. Laake, D.L. Burchers, L. Thomas (2001). *Introducción al muestreo a distancia: Estimating Abundance of Biological Populations.* Oxford University Press, Nueva York. 183pp.

Burnham, K.P., Anderson, D.R. y Laake, J.L. (1979). On the Robust Estimation from Line Transect Data. *Journal of Wildlife Management,* 43: 992-996.

Burnham, K.P., Anderson, D.R. y Laake, J.L. (1980). Estimation of Density from Line Transect Sampling of Biological Populations. *Wildlife Monographs,* 72.

Burnham, K.P., Anderson, D.R. y Laake, J.L. (1981). Line Transect Estimation of Bird Population Density Using a Fourier Series. En: Ralph, C.J y J.M. Scott (eds). *Estimating the Number of Terrestrial Birds. Studies in Avian Biology* 6: 466-482.

Butynski, T. (2002a). Conservación de los guenones: An Overview of Status, Threats, and Recommendations. En: Glenn, C. (ed.) *The Guenons: Diversity and Adaptation in African Monkeys*. Nueva York: Kluwer Academic, pp. 411-415

Butynski, T. (2002b). Los guenones: Una visión general de la diversidad y la taxonomía. En: Glenn, C. (ed.) *The Guenons: Diversity and Adaptation in African Monkeys*. Nueva York: Kluwer Academic, pp. 3-13

Caldecott, J.O. (1980). Habitat Quality and Populations of Two Sympatric Gibbons (Hylobatidae) on a Mountain in Malaya. *Folia Primatol* 33: 291-309

Cannon, C.H y Leighton, M. (1994). Comparative Locomotor Ecology of Gibbons and Macaques: Selection of Canopy Elements for Crossing Gaps. *Am J Phys Anthro* 93: 505-524

Cant, J.G.H. (1978). A census of the agouti (*Dasyprocta punctata*) in a seasonally dry forest at Tikal, Guatemala, with some comments on strip censusing. *Journal of Mammology,* 58: 688-690.

Cercopan.org (2011). Más información sobre el guenón de Sctater. http://www.cercopan.org /Primates /Guenons. Consultado el 22 de septiembre de 20011.

Chapman, C.A., Chapman, L.J., Bjorndal, K.A, y Onderdonk, D.A. (2002) Application of Protein-to Fiberratios to Predict Colobine Abundance on Different Spatial Scales. *Inter J Primatol* 23: 283-310

Chapman, C.A. y J.E. Lambert (2000). Alteración del hábitat y conservación de los primates africanos: A Case Study of Kibale National Park, Uganda. *American Journal of Primatology* 50: 169-185.

Chapman, C. A., Chapman, L. J., y Gillespie, T. R. (2002). Scale Issues in the Study of Primate Foraging: Red Colobus of Kibale National Park. American *Journal of Physical Anthropology,* 117: 349-363.

Chapman, C. A., Chapman, L. J., Vulinec, K., Zanne, A., y Lawes, M. J. (2003). Fragmentación y alteración de los procesos de dispersión de semillas: An Initial Evaluation of Dung Beetles, Seed Fate, and Seedling Diversity. *Biotropica,* 35: 382-393.

Chapman, C. A., Chapman, L. J., Struhsaker, T. T., Zanne, A. E., Clark, C. J., y Poulsen, J. R. (2005a). A Long-Term Evaluation of Fruit Phenology: Importance of Climate Change. *Journal of Tropical Ecology,* 21: 35-45.

Chapman, C. A., Chapman, L. J., Zanne, A. E., Poulsen, J. R., y Clark, C. J. (2005b). A 12year Phenological Record of Fruiting: Implications for Frugivore Populations and Indicators of Climate Change. En: J. L. Dew y J. P. Boubli (Eds.), *Tropical Fruits and Frugivores.* Países Bajos: Springer. pp. 75-92

Chapman, C. A., Lawes, M. J., y Eeley, H. A. C. (2006a). ¿Qué esperanza para la diversidad de los primates africanos? *African Journal of Ecology,* 44: 116-133.

Chapman, C. A., Wasserman, M. D., Gillespie, T. R., Speirs, M., Lawes, M. J., y Saj, T. L. (2006b). Do Food Availability, Parasitism, and Stress Have Synergistic Effects on Red Colobus Populations Living in Forest Fragments? *American Journal of Physical Anthropology,* 131: 525-534.

Chapman, C. A., Speirs, M. S, Gillespie, T. R., Holland, T., y Austad, K. M. (2006c). Life on The Edge: Gastrointestinal Parasites from the Forest Edge and Interior Primate Groups. *American Journal of Primatology,* 68: 397-409.

Chapman, C.A. y C.A. Peres (2001). La conservación de los primates en el nuevo milenio: The Role of Scientists. *Evolutionary Anthropology* 10:16-33.

Cowlishaw, G. (1999). Ecological and Social Determinants of Spacing Behavior in Desert Baboon Groups. *Behavioral Ecology and Sociobiology* 45: 67-77.

Cowlishaw, G. y R.I.M. Dunbar (2000). *Primate Conservation Biology.* University of Chicago Press, Chicago. 134pp.

Crump, M.L. (1971). Quantitative Analysis of the Ecological Distribution of a Tropical Herpetofuana. *Occasional Paper of the Musuem of Natural history, University of Kansas,* 3: 1-62.

Davies, A.G., Bennett, E.L. y Waterman, P.G. (1988). Food Selection by Two South-East Asian Colobine Monkeys (*Presbytis rubicunda* and *Presbytis melalophos*) in Relation to Plant Chemistry. *Biol J Linn Soc* 34: 33-56

Defler, T.R. y Pintor, P. (1985). Censo de Primates por Transectos en un Bosque de Densidad de Primates Conocida. *Revista Internacional de Primatología* 6: 243-259.

Donohoe, M. (2003). Causas y consecuencias para la salud de la degradación ambiental y la injusticia social. *Social Science and Medicine* 56(3): 573-587

Dunbar, R.I.M. (1992). Time: A Hidden Constraint on the Behavioural Ecology of Baboons. *Behav Ecol Sociobiol* 31: 35-49

Egwali, E.C., R.P. King, E.A. Eniang y E.A.Obot (2005). Discovery of New Population of Sclater's guenon *(Cercopithecus sclateri)* in the Niger Delta Wetland, Nigeria. *Liv. Sys. Sus. Dev.* 2(4): 1-7.

Emlen, J.T. (1971). Population Densities of Birds Derived from Transect Counts. *Auk,* 88, 323-342.

Eniang, E.A. (2001). Effect of Habitat Fragmentation on the Cross River Gorilla *(Gorrilla gorilla dehli):* Recommendations for Conservation. Informe inédito presentado al Parque Nacional del Río Cross, Akamkpa, Nigeria. 30pp.

Eniang, E.A. y Ebin, C.O. (2002). Utilization of Confiscated Animals by Cross River National Park to Promote *In-Situ* Biodiversity Conservation in the Rainforest of Southeastern Nigeria. *En*: The Proceedings of Pan African Association of Zoological Gardens, Aquaria and Botanical Gardens (PAAZAB) Annual Conference, 28th-31[st]May, 2002. Johannesburgo, Sudáfrica. 17pp.

Essien, I. S. (2008). Conservation Strategies for an Endangered Primate Species (*Cercopithecus sclateri*) in a Fragmented Tropical Rainforest at Itu, Akwa Ibom State. Proyecto de licenciatura presentado en la Universidad de Uyo, Uyo. 47pp

Ettah, U.S. (2008). Conservation Strategies of Cross River gorilla (*Gorilla gorilla diehli*) in the Afi Mountain Wildlife Sanctuary of Cross River State, Nigeria. An Unpublished M.Sc. Thesis submitted to the University of Uyo, Uyo. 72pp.

Eves, H. E. y M. I. Bakarr 2001. Impacts of Bushmeat Hunting on Wildlife Populations in West Africa's Upper Guinea Forest Ecosystem. *En* Hunting and Bushmeat Utilization in the African Rain Forest. Washington D.C.: *Conservation International.* 14pp.

Fairgrieve, C., y Muhumuza, G. (2003). Feeding Ecology and Dietary Differences between Blue Monkey *(Cercopithecus mitis stuhlmanii Matschie)* Groups in Logged and Unlogged Forest, Budongo Forest Reserve, Uganda. *African Journal of Ecology*, 41: 141-149.

Fa, J.E. (1988). Time Budget of Rhesus Monkeys (*Macaca milatta*) in a Forest Habitat in Nepal and on Cayo Santiago. En: Southwick, C. (ed.) *Ecology and behavior of food- enhanced primate group.* Mnongraphs, Alan R. Liss, Nueva York. 236pp.

Fasona, M.J. y Omojola, A.S. (2005). Climate Change, Human Security and Communal Clashes in Nigeria. Human Security and Climate Change, An International Workshop, Asker, Noruega, Documento de conferencia inédito. 13pp.

Feuntes, A. (1996). Feeding and Ranging in the Mentawai Isalnd langur *(Presbytis potenziani).* *Revista Internacional de Primatología* 17(4): 525-548

Fleagle, J.G. (1999). *Adaptación y evolución de los primates.* Academic Press, San Diego. 232pp.

Freese, C.H., Heltne, P.G., Gastro, R.N. y Whitesides, G. (1980). Patterns of Determinants of Monkey Densities in Peru and Bolivia, with Notes on Distributions. *Revista Internacional de Primatología.* 3: 53-90.

Fretwell SD, Lucas HL Jr (1969) On Territorial Behavior and other Factors Influencing Habitat Distribution in Birds. *Acta Biotheor* 19:16-36

Gadsby, E.L. (1987). Preliminary Report on the Survey of Drills in Southern Nigeria. Informe inédito. 13pp.

Gates,C.E. (1979). Line Transect and Related Issues. En: Cormack, R.M., G.P. Patil y D.S. Robson (eds). *Sampling Biological Population.* International Co-operative Publishing House, Fairland, Marylland. pp 71-154.

Ganzhorn, J.U. (1992). Leaf Chemistry and Biomass of Folivorous Primates in Tropical Forests: Test of a Hypothesis. *Oecologia* 91: 540-547

Gautier-Hion, A. (1978). Nichos alimentarios y coexistencia en primates simpátricos de Gabón. En: Chivers,

D.J. y Herbert, C.A. (eds) *Recent Advances in Primatology*. Academic, Londres. 12pp.

Gillespie, T. R., & Chapman, C. A. (2006). Prediction of Parasite Infection Dynamics in Primate Metapopulations based on Attributes of Forest Fragmentation. *Conservation Biology*, 20: 441-448.

Green, K.M. (1978). Censo de Primates en el Norte de Colombia: A Comparison of Two Techniques. *Primates*, 19: 537-550.

Groves, C.P. (1993). Orden Primates. *En:* Wilson, D.E y Render, D.M. (eds). *Mammalian species of the world: A taxonomic and geographic* reference (²). Smithsonian Institution Press, Washington, D.C. pp 243-277.

Groves, C. 2000. La filogenia de los Cercopithecoidea. En: Whitehead, P. y C. Jolly (eds.) *Old World Monkeys*. London: Cambridge University Press. pp. 92-95

Grubb, P., J.F. Oates, J.T. White y Tooze, Z. (2000). Monkeys Recently Added to the Nigerian Fauna List. *Nigerian Field* 654: 149-158.

Hacourt, A.H. y K.J. Steward (1989). Functions of Alliances in Contest in Wild Gorilla Groups. *Behavior* 109: 176-190.

Hanski, I. (1994). A Practical Model of Metapopulation Dynamics. *Journal of Animal Ecology* 63: 151-162.

Hanski, I. y M. Gilpin (1997). Uniting Two General Patterns in the Distribution of Species. *Science* (Washington D.C.) 275: 397-400.

Happoid, D.C.D. (1987). *The Mammals of Nigeria*. Clendon Press, Oxford. 402pp.

Hill, R.A., Lycett, J.E. y Dunbar, R.I.M. (2000). Ecological and Social Determinants of Birth Intervals in Baboons. *Behav Ecol* 11: 560-564.

Hill, W. (1953). *Primates: Comparative Anatomy and Taxonomy VI, Catarrhini, Cercopithecoidea*. New York: Interscience. 123pp.

Holmgren, M., Scheffer, M., Ezcurra, E., Gutiérrez, J. R., y Mohrem, G. M. J. (2001). El Nino Effects on the Dynamics of Terrestrial Ecosystems. *Trends in Ecology and Evolution*, 16: 89-94.

Ibong, B. U. (2002). Ecology and Conservation of the Primate Sclater's Guenon (*Cercopithecus sclateri*) in Itu Local Government Area of Akwa Ibom State: Population Structure. Proyecto de licenciatura presentado en la Universidad de Uyo, Uyo. 48pp.

Isabirye-Basuta, G.M. y J.S. Lwanga (2008). Primate Populations and Their Interactions with Changing Habitats. *Int J Primatol* 29:35-48

Isbell, L.A. (1991). Contest and Scramble Competition: Patterns of Female Aggression and Ranging Behavior among Primates. *Behav Ecol* 2:143-155

Iwamoto, T. y Dunbar, R.I.M. (1983). Thermoregulation, Habitat Quality and the Behavioral Ecology on Gelada Baboons. *J Anim Ecol* 52: 357-366

UICN (2011). Lista Roja de especies amenazadas de la UICN. Versión 2011.1. <www.iucnredlist.org>. Descargado el 21 de septiembre de 2011.

Janson, C.H., Chapman, C.A. (1999). Recursos y estructura comunitaria de los primates. En: Fleagle, J.F., Janson, C., Reed, K.E. (eds.) *Primate Communities*. Cambridge University Press, Cambridge, pp 237-267.

Janson CH, Goldsmith ML (1995) Predicting Group Size in Primates: Foraging Costs and Predation Risks. *Behav Ecol* 6: 326-336

Johnson, D. (2002). "Life Spans of Non-Human Primates" (en línea). Primate Info Net. Consultado el 25 de agosto de 2004http://pin.primate.wisc.edu/aboutp/phys/lifesp an.html.

Johns, A.D. (1985). Differential Detectability of Primate between Primary and Selectively Logged Habitats and Implications for Population Surveys. *American Journal of Primatology*, 8: 31-36.

Johns, A. D. (1992). Respuestas de los vertebrados a la tala selectiva: Implications for the Design of Logging Systems. Philosophical Transactions of the Royal Society of London, *Biological Sciences* (Transacciones filosóficas de la Real Sociedad de Londres, *Ciencias Biológicas)*, 335: 437-442.

Johns, A. D., y Skorupa, J. P. (1987). Responses of Rainforest Primates to Habitat Disturbance: A Review.

Revista Internacional de Primatología, 8: 157-191.

Johnson, E.G. y R.D. Routledge (1985). The Line Transect Method: A Non-Parametric Estimator Based on Shape Restrictions. *Biometrics* 41: 669-679.

Kappeler, M. (1984). El gibón en Java. En: Preuschoft, H., Chivers, D.J., Brockelman, W.Y. y Creel, N. (eds) *The Lesser Apes: Evolutionary and Behavioural Biology*. Edinburgh University Press, Edimburgo, pp 19-31

Kasenene, J. M. (1987). The Influence of Mechanized Selective Logging, Felling Intensity, and Gap-Size on the Regeneration of Moist Tropical Forest in Kibale Forest Reserve, Uganda. Tesis doctoral, Michigan State University, East Lansing. 217 págs.

Kingdon, J. (1980). The Role of Visual Signals and Face Patterns in African Forest Monkeys (Guenons) of the Genus Cercopithecus. *Transacciones de la Sociedad Zoológica de Londres*, 35: 425-475.

Korstjens, A. H., J. Lehman y R. I. M. Dunbar. (2010). Resting Time as an Ecological Constraint on Primate Biogeography. *Anim. Behav.* 79: 361-374.

Korstjens, A. H., Verhoeck, I. L., y Dunbar, R. I. M. (2006). Time as A Constraint on Group Size in Spider Monkeys. *Behavioral Ecology and Sociobiology,* 60: 683-694.

Laurence, W. F. y Williamson, G. B. (2001). Positive Feedbacks Among Forest Fragmentation, Droughts, and Climate Change in the Amazon. *Conservation Biology*, 15:1529-1535.

Law, J. y P. Myers. (2004). *"Cercopithecus sclateri"* (en línea), Animal Diversity Web. Consultado el 16 de agosto de 2011 http://animaldiversity.ummz.umich.edu/site/accounts/information/Cercopithecus_sclateri.html.

Lawrence, W.F. (1997). Reflexiones sobre la crisis de la deforestación tropical. *Biological Conservation* 91: 107-119.

Lawes, M. J. (2002). Conservación de poblaciones fragmentadas de *Cercopithecus mitis*. En Sudáfrica: The Role of Reintroduction, Corridors and Metapopulation Ecology. En: M. Glenn y M. Cords (Eds.), *The Guenons: Diversidad y adaptación en los monos africanos*. Nueva York: Kluwer Academic/Plenum Publishers. pp. 375-392

Lawes, M. J., y Chapman, C. A. (2006). ¿Suprimen la hierba *Acanthus pubescens* y/o los elefantes la regeneración de árboles en bosques afrotropicales perturbados? Ecología y gestión forestal. 221: 278-284.

Leroy, E. M., Rouquet, P., Formenty, P., Souquiere, S., Kilbourne, A. y Forment, J.M., (2004). Multiple Ebola Virus Transmission Events and Rapid Decline of Central African Wildlife. *Science* 303: 387.

Lovett, J. C. y Marshall, A. R. (2006). ¿Por qué debemos conservar los primates? *African Journal of Ecology* 44: 113-115.

Marshall, A.J., Cannon, C.H. y Leighton, M. (2009). Competition and Niche Overlap between Gibbons *(Hylobates albibarbis)* and Other Frugivorous Vertebrates in Gunung Palung National Park, West Kalimantan, Indonesia. En: Lappan, S. and Whittaker, D.J. (eds) *The Gibbons: New Perspectives on Small Ape Socioecology and Population Biology*. Springer, Nueva York, pp 161-188

McGraw, W. (2002). Diversidad del comportamiento posicional del guenón. En: Glenn, C. (ed.) *The Guenons: Diversity and Adaptation in African Monkeys*. New York: Kluwer Academic. 125 pp.

Mittermeier, R.A. (1987). Efecto de la caza en los primates de la selva tropical. *En:* Primate Conservation In The Tropical Rainforest. Marsh, C.W. y Mittermeier R.A. (eds.), Nueva York. 305-320.

McKey, D.B. (1978). Soils, Vegetation, and Seed-Eating by Black Colobus Monkeys. En: Montgomery, G.G. (ed) *The Ecology of Arboreal Folivores*. Smithsonian Institution Press, Washington DC, pp 423-437

Metz, H.C. (Ed.) (1992) Nigeria: A Country Study. Federal Research Division, Library of Congress, Washington, DC. 27pp.

Milton, K. (1979). Factors Influencing Leaf Choice by Howler Monkeys: A Test of some Hypotheses of Food Selection by Generalist Herbivores. *Am Nat* 114: 362-378

Mitani, J. C., Struhsaker, T. T., y Lwanga, J. S. (2000). Primate Community Dynamics In Old Growth Forest Over 23.5 years at Ngogo, Kibale National Park, Uganda: Implications For Conservation and Census Methods.

Revista Internacional de Primatología 21: 269-286.

Mittermeier, R. A., & Cheney, D. L. (1987). Conservación de primates y sus hábitats. En: B. B. Smuts, D. L. Cheney, R. M. Seyfarth, R. W. Wrangham y T. T. Struhsaker (Eds.), *Primate Societies*. Chicago: Chicago University Press. pp 475-490

Mittermeier, R.A., N. Myers, P.R. Gil y C.G. Mittermeier (1997). *Hotspots: Earth's Biologically Richest and Most Endangered Terrestrial Ecoregions*. Cemex, Conservación Internacional y Agrupación Sierra Medre, Monterrey, México. 58pp.

Myers, N., R.A. Mittermeier, R.A., C.G. Mittermeier, G.A.B. Da Fonsa y J. Kent (2000). Biodiversity Hotspost for Conservation Priorities. *Nature* 403: 853-858.

Nowak, R. (1999). *Walker's Mammals of the World, sexta edición*. Baltimore y Londres: The Johns Hopkins University Press. 234pp.

Nummelin, M. (1990). Relative Habitat Use of Duikers, Bush Pigs, and Elephants in Virgin and Selectively Logged Areas of Kibale Forest, Uganda. *Tropical Zoology,* 3: 111120.

Nunn, C.L. (2003). Sociality and Disease Risk: A Comparative Study of Leukocyte Counts in Primates. En: De Waal, F.B.M. y Tyack, P.L. (eds) *Animal social complexity. intelligence, culture, and individualized societies.* Harvard University Press, Cambridge MA, pp 26-31

Oates, J., P. Anadu, E. Gadsby y J. Werre. (1992). Sclater's guenon: A Rare Nigerian Monkey Threatened by Deforestation. *National Geographic Research and Exploration,* 8(4): 476-491.

Oates, J., P. Anadu. 1989. A Field Observation of Sclater's guenon *(Cercopithecus sclateri* Pocock, 1904). *Folia Primatologica,* 52: 38-42, 92-96.

Oates, J.P. (1994). Los primates de África en 1992: Conservation Issues and Options. *Revista Americana de Primatología* 34: 61-71.

Oates, J.F., Bergl, R.A. y Linder, J.M. (2004) *Africa's Gulf of Guinea Forests: Biodiversity Patterns and Conservation Priorities*. Conservation International, Center for Applied Biodiversity Sciences, Washington, DC. 26pp.

Offiong, M. O., Udofia, S. I. y Etuk, I. M. (2011). Sustainable Management of Edible NonTimber Forest Products (NTFPs): A Panacea for Food Production and Poverty Alleviation. En: Popoola, L., K. Ogunsanwo y F. Idumah (eds). *Forestry in the Context of the Millennium Development Goals,* Proceeding of the 34th Annual Conference of the Forestry Association of Nigeria held in Osogbo, Osun State, Nigeria. 1: 412-415

Okon, A. T. (2004). Ecology and Conservation of the Sclater's guenon *(Cercopithecus sclateri);* Territorial and Ranging Pattern in Itu Local Government Area of Akwa Ibom State. Proyecto de licenciatura presentado en la Universidad de Uyo, Uyo. 64pp.

onlinenigeria.com (2011). Estado de Akwa Ibom. www.onlinenigeria.com/Akwa+Ibom. Consultado el 28 de agosto de 2011.

Paul, J. R., Randle, A. M., Colin, A., Chapman, C. A., y Chapman, L. J. (2004). Sucesión detenida en lagunas de tala: Is Tree Seedling Growth and Survival Limiting? *African Journal of Ecology,* 42: 245-251.

Peeters, M. (2004). Cross-Species Transmission of Simian Retroviruses in Africa and Risk for Human Health. *The Lancet* 363: 911-912.

Peres, C.A. (1990). Efecto de la caza en las comunidades de primates de la Amazonia occidental. *Biological Conservation* 54: 47-59.

Peres, C.A. (1997). Primate Community Structure At Twenty Western Amazonian Flooded and Unflooded Forest. *Journal of Tropical Ecology* 13: 381-405.

Peres, C.A. (1999). General Guidelines for Standardizing Line Transect Surveys of Tropical Forest Primates. *Primates Neotropicales* 7: 11-16.

Plumptre, A. J. (1996). Changes Following 60 years of Selective Timber Harvesting in the Budongo Forest Reserve, Uganda. *Ecología y gestión forestal,* 89: 101-113.

Plumptre, A. J., y Reynolds, V. (1994). The Effects of Selective Logging on the Primate Populations in the

Budongo Forest Reserve, Uganda (Efectos de la tala selectiva en las poblaciones de primates de la reserva forestal de Budongo, Uganda). *Journal of Applied Ecology,* 31: 631-641.

Pocock, R.I. (1904) Descripción de una nueva especie de mono narigudo del género Cercopithecus. *Proc. Zool. Soc. Lond.* 1: 433-436.

Pollock, K.P. (1978). A Family of Density Estimators for Line Transect Sampling. *Biometrics* 34: 475-478.

Poulson, J.R., Clark, C.J., Connor, E., y Smith, T.B. (2002). Differential Resource Use By Primates and Hornbills: Implications for Seed Dispersal. *Ecol* 83: 228-240

Pyke, G.H., H.R. Pulliam y E.L. Charnov (1977). Opyimal Foraging: A Selective Review of Theory and Tests. *Quarterly Review of Biology* 52(2): 137-154.

Quinn, T.J.II y Gallucci, V.F. (1980). Parametric Models for Line Transect Estimators of Abundance. *Ecology,* 61: 293-302.

Quinten, M. (2008). Survey of Primate Community of Peat Swamp Forests of Siberut, Mentawai island, Indonesia. Tesis M.Sc./M.I.N.C. presentada en la Facultad de Biología. Georg-August Universitat Gottingen, Alemania y Lincoln University, Nueva Zelanda. 84pp.

Ralph, C.J. y J.M. Scott (eds) (1981). Estimación del número de aves terrestres. *Studies in Avian Biology* 6: 21-31.

Rand, A.S. (1964). Ecological Distribution in Anoline Lizards of Puerto Rico. *Ecology* 45: 745-752.

Redford, K.H. (1992). El bosque vacío. *Bioscience* 42: 412-422.

Revkin, A.C. (2000). *El Mono de África Occidental en Extinto, dicen los Científicos.* The Association Press, Nueva York. 24pp.

Robbins, M., Robbins, A., Gerald-Steklis, N. y Steklis, H. (2007). Socioecological Influences on the Reproductive Success of Female Mountain Gorillas *(Gorilla beringei beringei). Behav Ecol Sociobiol* 61: 919-931

Rodrigues, A.S.L., Pilgrim, J.D., Lamoreux, J.F., Hoffmann, M. y Brooks, T.M. (2003). El valor de la Lista Roja de la UICN para la conservación. *Tendencias en Ecología y Evolución* 21(2): 71-76.

Rouquet, P., Froment, J-M., Bermejo, M., Kilbourn, A., Karesh, W., Reed, P. (2005). Wild Animal Mortality Monitoring and Human Ebola Outbreaks, Gabon, and Republic of Congo, 2001-2003. *Enfermedades infecciosas emergentes,* 11: 283-290.

Rowe, N. (1996). *The Pictorial Guide to Living Primates.* Poginias Press, East Hampton, Nueva York. 263pp.

Sharp, P. M., Shaw, G. M., y Hahn, B. H. (2004). Simian Immunodeficiency Virus Infection of Chimpanzees (Infección de chimpancés por el virus de la inmunodeficiencia simia). *Journal of Virology,* 79: 3891-3902.

Skorupa, J.P. (1987). Do Line Transect Surveys Systematically Underestimate Primate Densities in Logged Forests. *American Journal of Primatology* 13: 1-9.

Snaith, T.V. y Chapman, C.A. (2008). Red Colobus Monkeys Display Alternative Behavioral Responses to the Costs of Scramble Competition. *Behav Ecol* 19:12891296

Sodhi, N.S., L.P. Kohl, B.W. Brook y P.K.L. Ng (2004). La biodiversidad del sudeste asiático: An Impending Disaster. *Tendencias en Ecología y Evolución* 19(12): 654-660.

Southwick, C.H., Beg, M.A. y Siddiqi, M.R. (1961). Estudio sobre la población del mono Rhesus en el norte de la India: II. Rutas de transporte y zonas forestales. *Ecology* 42: 698-710.

Steenbeek, R. y van Schaik, C.P. (2001). Competition and Group Size in Thomas's Langurs *(Presbytis thomasi):* The Folivore Paradox Revisited. *Behav Ecol Sociobiol* 49:100-110

Sterck, E.H.M., Watts, D.P. y van Schaik, C.P. (1997). The Evolution of Female Social Relationships in Nonhuman Primates (La evolución de las relaciones sociales femeninas en primates no humanos). *Behav Ecol Sociobiol* 41: 291-309

Stewart, C. (1996). *Africa's Vanishing Wildlife.* Washington, D.C.: Smithsonian Institution Press. 86pp.

Stokes, E., Parnell, R. y Olejniczak, C. (2003). Female Dispersal and Reproductive Success in Wild Western

Lowland Gorillas *(Gorilla gorilla gorilla). Behav Ecol Sociobiol* 54:329-339

Struhsaker, T.T. (2002). Guidelines for Biological Monitoring and Research in Africa's Rainforest Protected Areas. Informe inédito para el Center for Applied Biodiversity Science, Conservation International. 55pp.

Struhsaker, T. T., Lwanga, J. S., y Kasenene, J. M. (1996). Elefantes, tala selectiva y regeneración en el bosque de Kibale, Uganda. *Journal of Tropical Ecology,* 12: 45-64.

Struhsaker, T. T. (1997) *Ecología de una selva tropical africana.* Gainesville: University Press of Florida. 136pp.

Stuart, M. D., Greenspan, L. L., Glander, K. E. y Clarke, M. R. (1990). A Coprological Survey of Parasites of Wild Mantled Howling Monkeys, *Alouatta palliata palliata. Journal of Wildlife Diseases,* 26: 547-549.

Thomas, L., Buckland, S.T., Burnham, K.P., Anderson, D.R., Laake, J.L., Borchers, D.L. y Strindberg, S. (2002): *Muestreo a distancia.* En: El-shaarawi, A.H. y Piegorsch, W.W. (eds.) *Encyclopedia of Environmetrics.* Wiley and Sons, Chichester, pp. 554552.

Toft, C.A., Rand, S.A. y Clark, M. (1992). Population Dynamics and Seasonal Recruitment in *Bufo typhonius* and *Colostehus nubicola* (Anura). En: E.G. Leigh, Jr, A.S. Rand y D.M. Windsor (eds). *The Ecology of a Tropical Forest.* Smithsonian Institution Press, Washington, pp. 397-403.

Tooze, Z. (1994a). *Conservation Status of Sclater's guenon, Akpugoeze, Nigeria.* Informe inédito de la Wildlife Conservation Society, Nueva York. 23pp.

Tooze, Z. (1994b). *¿Sagrado significa seguro? Investigation of a Sacred Population of Sclater's guenon (Cercopithecus sclateri) in Southeastern Nigeria.* Informe inédito. 20pp.

Tooze, Z. (1995). Update on Sclater's guenon, *Cercopithecus sclateri,* in southern Nigeria. *African Primates,* 1(2): 38-42.

Tutin, C.E.G., L.J.T. White, E.A. William, M. Fernandez y G. McPherson (1997). Nest Building by Lowland Gorillas in the Lope Reserve, Gabon: Environmental Influences and Implications for Censusing. *Revista Internacional de Primatología* 16(1): 53-76.

Tutin, G.E.G. (1996). Ranging and Social Structure of Lowland Gorillas in the Lope Reserve, Gabon. En: McGrew, M.C., L.H. Merchant y T. Nashida (eds.) *Great Ape Societies.* Cambridge University Press, 58-70.

Tutin, C.E.G. (1999) Fragmented Living: Behavioural Ecology of Primates in a Forest Fragment in the Lope Reserve, Gabon. *Primates* 40: 249-265.

Udoedu, U. E. (2004). Socio-biology of Sclater's guenon *(Cercopithecus sclateri)* in Itu Local Government Area. Proyecto de licenciatura presentado en la Universidad de Uyo, Uyo. 52pp.

PNUD (2004): *EPT - Educación para Todos. Plan de Acción Global: Mejorar el apoyo a los países para alcanzar los objetivos de la EPT.* PNUD & UNESCO, UNFPA, UNICEF, Banco Mundial.   Mundial. Recuperado: 17 de marzo de 2008, URL: http://www.unesco.org/education/GAP/GAP_v04.pdf

Van Noordwijk, M.A. y Van Schaik, C.P. (1999). The Effects of Dominance Rank and Group Size on Female Lifetime Reproductive Success in Wild Long-tailed Macaques, *Macaca fascicularis. Primates* 40:105-130

Van Schaik, C.P. (1983). On the Ultimate Causes of Primate Social Systems (Sobre las causas últimas de los sistemas sociales de los primates). *Behaviour* 85: 91-117

Van Schaik, C.P. y Janson, C.H. (2000). *Infanticide by Males And Its Implications.* Cambridge University Press, Cambridge. 15pp.

Van Schaik, C.P., S.A. Wich, S.S. Utami y K. Odum (2005). A Simple Alternative to Line Transects of Nest for Estimating Orangutan Densities. *Primates* 46: 249-254.

Vogel, G. (2003). ¿Se puede salvar a los grandes simios del ébola? *Science,* 300, 1645.

Watts, D.P. (2000). Causas y consecuencias de la variación del número de machos en los grupos de gorilas de montaña. En: Kappeler, P. (ed.) *Primate males: Causes and Consequences of Variation in Group Composition.* Cambridge University Press, Cambridge. 126pp.

Whitesides, G.H. (1981). *Community and Population Ecology of Non-Human Primates in the Douala-Edea*

Forest Reserve. Unpublished M.Sc. Thesis, The John Hopkins University, Baltimore. 76pp.

Whitten, A.J. (1982). A Numerical Analysis of Tropical Rainforest Using Floristic and Structural Data and Its Application to An Analysis of Gibbon Ranging Behavior. *Journal of Ecology* 70: 249-271.

Wikipedia.org (2011). Guenón de Sclater. Consultado el 24 de septiembre de 2011. http://en.wikipedia.org/wiki/Sclater%27s_Guenon.

Wilkie, D.S. y J.F. Carpenter (1999). Bushmeat Hunting in the Congo Basin: An Assessment of Impacts and Options for Mitigation. *Biodiversity and Conservation* 8: 927-955.

Wolfe, D. N., Switzer, W. M., Carr, J. K., Bhullar, V. B., Shanmugan, V., Tamoufe, U. (2004). Naturally Acquired Simian Retrovirus Infections in Central African Hunters. *The Lancet* 363: 932-937.

Wrangham, R.W. (1980). An Ecological Model of Female Bonded Primate Groups. *Behaviour* 75: 262-300

WWF (1990): Cross River National Park Okwangwo Division, Developing the Park and its Support Zone. Panda House, Reino Unido. 87pp.

APÉNDICES

Apéndice 1: Estimaciones de precisión para 15 censos de guenón de Sclater

CENSUS NUMBER	MEAN	STANDARD DEVIATION	95% CONFIDENCE LIMIT (CI)	CONFIDENCE LIMIT * 10	PERCENTAGE PRECISION (%)
Adult (Dry season)					
1 – 4	5.25	4.11	3.27	32.70	62.29
1 – 8	4.63	3.38	1.00	10.00	21.60
1 – 12	4.17	3.46	0.63	6.30	15.10
1 – 15	4.13	3.52	0.50	5.00	12.11
Adult (Rainy season)					
1 – 4	4.75	2.87	2.28	22.8	48.00
1 – 8	4.38	2.72	0.80	8.0	18.27
1 – 12	4.42	2.71	0.50	5.0	11.31
1 – 15	4.33	2.74	0.39	3.9	9.01
Juvenile (Dry season)					
1 – 4	1.25	1.50	1.19	11.9	95.2
1 – 8	1.25	1.39	0.41	4.1	32.8
1 – 12	1.25	1.36	0.25	2.5	20.0
1 – 15	1.26	1.33	0.19	1.9	15.1
Juvenile (Rainy season)					
1 – 4	1.5	1.29	1.03	10.3	68.67
1 – 8	1.25	1.17	0.35	3.5	28.00
1 – 12	1.42	1.17	0.22	2.2	15.49
1 – 15	1.4	1.12	0.16	1.6	11.43
Individual count (Dry season)					
1 – 4	6.5	5.45	4.33	43.3	66.62
1 – 8	5.89	4.58	1.35	13.5	22.92
1 – 12	5.42	4.68	0.86	8.6	15.87
1 – 15	5.27	4.33	0.65	6.5	12.33
Individual count (Rainy season)					
1 – 4	6.25	3.95	3.14	31.4	50.24
1 – 8	5.63	3.70	1.09	10.9	19.36
1 – 12	5.83	3.74	0.69	6.9	11.84
1 – 15	5.73	3.75	0.54	5.4	9.42
Group count (Dry season)					
1 – 4	1	0.82	0.65	6.5	65
1 – 8	1.38	0.0	0.0	0.0	0.0
1 – 12	1.25	0.62	0.11	1.1	8.8
1 – 15	1.2	0.68	0.10	1.0	8.3
Group count (Rainy season)					
1 – 4	1.25	0.5	0.40	4.0	32.00
1 – 8	1.13	0.64	0.19	1.9	16.81
1 – 12	1.17	0.72	0.13	1.3	11.11
1 – 15	1.2	0.77	0.11	1.1	9.17

Apéndice 2: Estimaciones de la distancia entre el observador y el animal en el momento del primer avistamiento DISTANCIA (M)

DISTANCE (M)	0 – 5	6 –10	11 - 15	16 – 20	21 – 25	26 - 30	31 - 35
NO. OF SIGHTING (DRY SEASON)	-	1	2	1	4	5	3
NO. OF SIGHTING (RAINY SEASON)	1	2	3	5	3	2	2

Apéndice 3: Inventario del perfil arbóreo del fragmento de bosque de Okuku

ID	ESPECIES ARBÓREAS	CIRCUNFERENCIA FERNCE (CM)	DAP (CM)	ALTURA DEL ÁRBOL (M)	ALTURA DEL TRONCO (M)	DIRECCIÓN X/Y (M)	DIMENSIÓN DE LA CORONA (M)			
							N	S	E	W
1	*Musanga cercopioides* R.Br.	32	15.2	5.9	3.2	49.2/0.9	2.3	1.8	1.9	1.6
2	*Xylopia aethiopica* (Dunn.) A. Rich	41	16.6	8.2	7.2	35.1/1.5	3.3	2.7	2.4	3.1
3	*Rothmannia longiflora* Balisb.	41	15.3	6.2	4.4	26.4/2.1	1.9	2.3	3.1	2.6
4	*Celosía argentea* Linn.	28	12.7	7.3	6.4	28.6/4.3	2.9	1.8	2.1	0.9
5	*Anillopsis soyauxii* (Perinuey)	79	28.5	6.8	3.1	29.4/6.3	1.8	2.1	1.9	1.3
6	*Anillopsis soyauxii* (Perinuey)	67	26.8	6.3	4.9	28.9/7.2	1.3	0.7	2.1	0.9
7	*Celosia argentea* Linn.	69	27.8	8.7	6.1	36.1/18.3	0.8	0.9	3.1	2.1
8	*Berlinia grandiflora* (Vahl) Hutch	283	96.1	48.9	43.4	38.3/23.2	4.1	5.4	4.6	4.2
9	*Anillopsis soyauxii* (Perinuey)	72	27.8	5.2	6.6	47.6/21.4	2.1	2.4	1.8	2.1
10	*Autrenella congolensis* (De Wild) A. Chev.	48	26.3	10.2	7.3	32.7/39.6	3.7	2.9	3.3	3.5
11	*Celosia argentea* Linn.	42	24.1	8.4	7.6	32.7/39.6	3.1	3.4	3.6	2.9
12	*Berlinia grandiflora* (Vahl) Hutch	27	87.6	49.2	41.8	22.4/2.7	4.3	3.8	6.2	5.3
13	*Anillopsis soyauxii* (Perinuey)	69	32.5	6.3	4.5	20.8/6.3	2.0	1.8	2.6	3.2
14	*Dracena manii* (Bak.)	38	18.1	6.7	5.4	18.3/4.1	0.8	1.6	1.3	1.9
15	*Ballionoiia toxisperma* Pierre	37	16.2	5.3	3.2	10.6/3.5	1.2	1.5	1.3	1.6
16	*Berlinia grandiflora* (Vahl) Hutch	310	112.7	24.3	19.2	8.6/2.9	6.1	5.9	4.9	6.3
17	*Berlinia grandiflora* (Vahl) Hutch	296	105.3	22.4	17.7	9.2/12.4	6.5	7.3	4.2	5.9

ID	ESPECIES ARBÓREAS	CIRCUNFERENCIA FERNCE (CM)	DAP (CM)	ALTURA DEL ÁRBOL (M)	ALTURA DEL TRONCO (M)	DIRECCIÓN X/Y (M)	N	S	E	W
18	*Rothmannia longiflora* Balisb.	41	24.2	5.3	3.1	11.7/16.7	3.1	2.4	3.6	2.9
19	*Spondias monbin* Linn.	38	21	4.6	3.1	12.6/17.4	2.7	1.9	2.3	2.4
20	*Anillopsis soyauxii* (Perinuey)	30	11.8	9.3	6.1	11.1/19.7	2.2	2.9	2.4	1.9
21	*Dracena manii* (Bak.)	21	8.4	5.9	2.9	6.12/14.5	1.9	1.6	1.8	2.2
22	*Musanga cercopioides* R.Br.	35	10.9	6.2	8.9	22.2/22.1	2.0	2.4	3.5	2.1
23	*Spondias monbin* Linn.	42	13.4	10.2	6.2	32.5/13.4	3.4	4.1	4.7	4.2

Apéndice 4: Inventario del perfil arbóreo del fragmento de bosque Ikwat 1

ID	ESPECIES ARBÓREAS	CIRCUNFERENCIA FERNCE (CM)	DAP (CM)	ALTURA DEL ÁRBOL (M)	ALTURA DEL TRONCO (M)	DIRECCIÓN X/Y (M)	N	S	E	W
1	*Spondias mombin* Linn.	74	23.1	12.4	7.9	1.2/12.9	1.8	1.9	1.6	2.3
2	*Coelocaryon preusii* Warb.	103	34.6	18.2	12.2	1.5/13.5	2.7	2.4	3.1	3.1
3	*Coelocaryon preusii* Warb.	110	38.3	21.6	15.9	6.2/5.8	3.1	2.6	2.8	2.9
4	*Ficus thoningii* (Blume)	111	39.7	17.3	11.4	8.1/4.6	1.8	2.1	0.9	1.8
5	*Coelocaryon preusii* Warb.	59	20.5	13.1	8.5	6.4/5.1	2.1	1.9	1.3	2.3
6	*Holarrhena flouribunda* (G. Don.)	38	15.8	8.9	5.3	7.1/14.8	0.7	2.1	0.9	2.5
7	*Coelocaryon preusii* Warb.	78	25.2	12.7	7.5	6.5/18.3	1	3.9	2.9	3.4
8	*Coelocaryon preusii* Warb.	41	14.7	10.4	2.8	23.2/17.1	3.6	4.2	3.3	4.1
9	*Homalium letestui* (Pellegr.)	49	16.8	12.5	6.6	14.6/20.4	2.4	1.8	2.1	2.3
10	*Dacyodes edulis* (G. Don.)	107	31.3	12.2	7.3	16.2/3.6	2.9	3.3	3.5	3.1
11	*Spondias mombin* Linn.	82	25.6	10.4	7.3	30.6/42.6	2.4	1.9	2.1	1.8
12	*Macaranga barteri* (Muell.Arg)	93	28.6	15.8	10.6	22.4/16.7	2.8	3.4	2.3	2.9
13	*Spondias mombin* Linn.	74	25.3	12.1	6.6	15.8/20.1	1.8	2.6	3.2	2.3
14	*Ceiba pentendra* (L.) Gaerth	72	21.9	10.4	5.4	18.3/24.1	2.1	1.9	1.1	2.4
15	*Spondias mombin* Linn.	76	24.5	11.6	6.9	21.6/29.5	3.2	2.1	2.4	2.1
16	*Spondias mombin* Linn. *Homalium letestui*	83	26.6	13.9	9.2	17.2/22.9	3.3	2.8	3.2	3.7
17	(Pellegr.)	75	24.2	9.1	5.8	19.7/10.6	3.2	3.3	2.8	2.5
18	*Ceiba pentendra* (L.) Gaerth	101	31.3	15.9	9.7	11.7/16.8	2.6	3.6	1.9	2.5
19	*Homalium letestui* (Pellegr.)	83	28.5	13.8	9.9	12.6/17.4	2.4	1.9	1.8	2.4
20	*Xylopia aethopica* (Dunn.) A. Rich	76	25.8	11.3	6.1	10.1/48.7	2.2	2.9	2.4	2.2
21	*Pentaclethra macrophylla* Benth.	121	46.4	19.4	15.9	36.12/14.5	2.8	2.7	4.1	2.5

#	Species								
22	*Ceiba pentendra* (L.) Gaerth	59	27.9	9.9	5.2	22.2/47.1	2.8 2.1	2	3.5
23	*Xylopia aethopica* (Dunn.) A. Rich	46	21.2	7.2	4.3	32.5/23.4	2.7 2.4	3.1	2.7
24	*Ceiba pentendra* (L.) Gaerth	74	28.5	8.9	4.2	46.2/21.2	1.8 1.9	1.6	2.3
25	*Dracaena manii* (Bak.)	63	24.9	10.6	7.2	25.1/28.5	2.7 2.4	3.1	3.1
26	*Pentaclethra macrophylla* Benth.	91	42.3	17.2	12.4	29.2/2.1	2.3 3.1	2.6	2.8
27	*Cinnamomum zeylanicum* (Verum.) *Ficus thoningii*	72	27.6	12.7	7.4	8.6/38.3	1.8 2.1	0.9	1.8
28	(Blume)	53	18.3	8.9	4.5	29.4/6.3	2.1 1.9	1.3	2.3
29	*Erythtrina senegalensis* (DC)	36	13.4	6.6	3.4	18.9/20.2	0.7 2.1	0.9	2.5
30	*Spondias mombin* Linn.	81	38.6	15.2	9.5	21.8/19.1	3 3.4	2.9	3.4
31	*Spondias mombin* Linn.	34	12.2	5.7	2.4	23.1/17.5	1.4 1.6	1.2	1.3
32	*Newbouldia laevis* (P. Beauv.) Seeman	151	56.8	21.5	16.6	37.6/29.4	3.4 3.8	3.1	3.3
33	*Raphia hookeri* (Mann y Wendl.)	27	14.1	6.5	3.3	48.1/16.6	1.9 1.3	1.5	2.1
34	*Spondias mombin* Linn.	31	15.2	8.4	5.3	45.2/18.6	2.4 1.9	2.1	1.8
35	*Erythtrina senegalensis* (DC)	45	19.4	13.1	8.6	49.4/14.7	2.8 2.4	2.3	3.9
36	*Homalium letestui* (Pellegr.)	38	13.6	6.3	3.6	21.8/20.3	1.8 1.6	1.2	2.3
37	*Homalium letestui* (Pellegr.)	42	16.4	7.1	3.4	38.3/22.1	1.6 1.9	1.1	1.4
38	*Ficus thoningii* (Blume)	31	19.7	8.6	4.9	35.6/13.5	1.2 2.1	2.4	2.1
39	*Ficus thoningii* (Blume)	38	23.8	8.2	4.2	37.2/4.9	3.3 2.8	3.2	2.7
40	*Musanga cecropioides* R. Br.	42	27.2	8.7	5.8	41.7/9.6	3.2 2.3	2.8	3.5
41	*Ficus thoningii* (Blume) *Ficus thoningii*	127	56.1	19.2	13.7	31.2/3.1	3.6 3.6	3.9	2.5
42	(Blume)	38	15.2	8.5	4.9	33.1/7.4	2.4 1.9	1.8	2.4

	Rauvilfia vomitoria								
43	Afzelius	86	26.4	13.2	9.1	20.1/3.7	2.2 2.9	2.4	2.2
	Tetrapleura tetraptera								
44	(Schum. y Thonn.)	63	23.2	13.4	8.9	22.1/5.5	2.8 2.7	2.1	2.5
	Macaranga barteri								
45	(Muell.Arg)	72	29.2	15.9	10.2	24.2/2.1	2.8 2.1	2	3.5
	Ficus thoningii								
46	(Blume)	46	17.9	12.3	12.3	25.3/1.4	2.7 3.4	4.1	3.7
	Ficus thoningii								
47	(Blume)	51	20.7	8.3	4.9	22.1/15.5	2.8 2.7	2.1	2.5
	Ficus thoningii								
48	(Blume)	37	12.1	5.9	2.9	44.2/42.1	1.8 1.1	2	1.5
	Ficus thoningii								
49	(Blume)	44	17.1	6.2	3.8	35.3/21.4	1.7 1.4	1.1	1.7

Apéndice 5: Inventario de árboles del bosque de Okuku e Ikwat 1

ID	ESPECIES ARBÓREAS	Familia	Número
1	*Musanga cercopioides* R. Br.	Cecropiaceae	3
2	*Xylopia aethiopica* (Dunn.) A. Rich	Malvaceae	2
3	*Rothmannia longiflora* Balisp.	Rubiaceae	3
4	*Celosía argentea* Linn.	Amarantáceas	5
5	*Anillopsis soyauxii* (Peringuey)	Carabidae	4
6	*Berlinia grandiflora* (Vahl.) Hutch	Leguminoceae	1
7	*Autrenella congolensis* (De Wild) A. Chev.	Sapotaceae	1
9	*Ballionoiia toxisperma* Pierre	Sapotaceae	1
10	*Spondias monbin* Linn.	Anacardiaceae	10
11	*Coelocaryon preusii* Warb.	Miristicáceas	5
12	*Ficus thoningii* Blume	Moraceae	10
13	*Holarrhena floribunda* (G. Don) Dur y Schinz	Apocynaceae	1
14	*Homalium letestui* Pellegr.	Flacourtiaceae	5
15	*Dacryodes edulis* (G. Don) H.J. Lam	Burseraceae	1
16	*Macaranga barteri* Muell. Arg	Euphorbiaceae	2
17	*Pentaclethra macrophylla* Benth.	Fabaceae	4
18	*Ceiba pentandra* (L.) Gaerth	Malvaceae	2
19	*Dracaena manii* (Bak.)	Dracaenaceae	1
20	*Cinnamomum zeylanicum* Verum	Lauraceae	1
21	*Erythrina senegalensis* DC	Leguminoceae	2
22	*Newbouldia laevis* (P. Beauv.) Seeman	Bignoniaceae	1
23	*Raphia hookeri* (Mann y Wendl.)	Palmae	1
24	*Rauvolfia vomitoria* Afzelius	Apocynaceae	1
25	*Tetrapleura tetraptera* (Schum. y Thom.)	Fabaceae	1

Lámina 3: Explotación forestal en el fragmento Ikwat 1 (1)

Lámina 4: Explotación forestal en el fragmento Ikwat 1 (2)

Lámina 5: Explotación forestal en el fragmento Ikwat 1 (3)

Lámina 6: Tocón de tala en el fragmento de Okuku

Lámina 7: El túmulo sagrado de Ikwat 1

Lámina 8: El investigador mide el diámetro de una especie arbórea

Placa 9: Lugar de descanso del guenón de Sclater

Ilustración 10: Asistente de campo durante la demarcación de la parcela de muestreo

Ilustración 11: Plantación de caucho en la zona de estudio

Printed by Books on Demand GmbH, Norderstedt / Germany